NOUVEAU SYSTÊME

DE

TENUE DE LIVRES,

D'APRÈS JONES,

LIÉ A LA MÉTHODE DES PARTIES DOUBLES,

APPLICABLE

A TOUS LES GENRES DE COMMERCE;

PAR LEQUEL TOUT NÉGOCIANT PEUT VOIR CHAQUE JOUR LA POSITION EXACTE DE SES AFFAIRES.

SYSTÊME qui offre quatre preuves de la vérité des Écritures, tandis que les Parties Doubles n'en donnent qu'une, souvent douteuse, celle de trouver les additions égales sur le Grand Livre ;

Par B. DELORME, Courtier de Commerce.

PRIX 3 liv. broché.

A AVIGNON,

Chez FR. CHAMBEAU, et à Paris au Bureau du Journal du Commerce et chez les principaux Libraires de France.

1 8 0 8.

Pour prévenir la Contrefaction chaque Exemplaire portera ma Signature. D. Delorme

A MESSIEURS LES MEMBRES

COMPOSANT LA CHAMBRE DE COMMERCE D'AVIGNON.

Messieurs,

Les talens et les qualités qui constituent le bon Négociant, sont de savoir saisir les circonstances où il doit se livrer à des opérations importantes; d'étendre ses rapports pour vendre au consommateur les marchandises qu'il a achetées du cultivateur ou du manufacturier : de réunir à l'amour du travail et de l'économie, à un jugement sain, à une prudence consommée, un esprit doux et conciliant; au desir de s'enrichir promptement, une probité sans tâche qui en tempère l'ardeur.

Pour faire ce portrait, c'est dans vous, Messieurs, c'est dans votre conduite que j'en ai trouvé le modèle.

Cependant je dirai, dans mon opinion, que les succès du Négociant ne seroient pas affermis, que

A 2

sa tranquilité ne seroit qu'un problême , s'il n'y joignoit encore le goût de l'ordre dans la tenue de ses livres.

Il doit donc y apporter les soins les plus minutieux, et par conséquent préférer la Méthode la plus briève , la plus claire , et en même tems la plus sûre.

Sur la fin du XVe. siècle , un Italien donna au Commerce le premier traité de parties doubles. Cette invention étoit enveloppée dans un cahos de formes, dans une quantité de règles, qui en rendoient l'usage très difficile.

Des auteurs de toutes les nations essayèrent de les modifier ; mais ce ne fût que dans le XVIIe. siècle ou Rogier et de Koninck, Hollandois, réussirent à débrouiller les unes et à diminuer les autres. Ils crurent tous les deux avoir fait monter la science de la tenue des Livres , au plus haut degré qu'elle put atteindre. Laporte, soixante ans après, tint le même langage, et il parut justifier cette présomption en nous donnant un des meilleurs traités connus jusqu'à ce jour.

C'est en général la foiblesse des hommes de tous les tems de se croire les prototypes des sciences. Il semble que le présent en s'appuyant sur le passé , veuille imposer silence à l'avenir, en lui présentant ses œuvres, comme le nec plus ultrà des connoissances humaines : mais il sert à son tour de soutien, et l'avenir qu'il défioit, prouve, en perfectionnant, qu'il reste toujours à faire.

Ceci paroîtra peut être hors de sa place, en parlant d'une science, qui paroit être elle même à la portée de tout le monde. On conviendra, néanmoins, que le bon traité de Laporte a fait place à de meilleurs traités, qui perdront eux-mêmes leur valeur comparés à ceux qu'on fera ; et qu'enfin personne avant Jones, n'avoit eu l'idée, simple et naturelle, de placer sur un journal les Débiteurs personnels d'un côté et les Créditeurs de l'autre.

Malheureusement, cet Auteur, pour vouloir pousser trop loin la simplicité des écritures, s'est jeté, par la forme qu'il a donnée à son grand Livre, dans un écueil, d'où la prévention, l'habitude des anciens procédés et un grand nombre de critiques veulent l'empêcher de sortir. Il faut donc détruire l'écueil ; c'est ce que j'entreprends.

Ce seroit vous faire entrer dans ma cause que d'oser vous offrir l'hommage de l'ouvrage polémique que je soumets au commerce. Je me trouve très heureux et en même tems très-honoré, Messieurs, que vous vouliez bien agréer celui que je vous fais des tableaux qui en sont le résultat.

Cette faveur que vous me faites, me donne l'assurance qu'on les examinera avec attention, et qu'on ne se hâtera pas de les juger. Elle est un pressentiment flatteur que le désir que j'ai de me rendre utile, sera rempli.

Si la méthode que je propose est adoptée, je m'occuperai alors à faire un cours complet de tenue de livres, d'après mon plan, où je renfermerai tous les genres d'opérations, connus dans le Commerce. Je chercherai, Messieurs, à le rendre digne de vous être offert, et je ne le publierai que lorsque vous lui aurez donné vos suffrages.

J'ai l'honneur d'être avec le plus profond respect.

Messieurs ,

Votre très-humble et
très-obéissant serviteur.

B. DELORME.

AVANT-PROPOS.

~~~~~~~~~

LORSQUE le Journal du Commerce , annonça *la Méthode simplifiée de la Tenue des Livres par Jones* , nous fûmes prévenus , comme généralement on devoit l'être , contre la promesse de tant d'avantages. La première lecture nous fortifia dans cette prévention et nous entraîna près de l'opinion qu'on paroissoit en avoir déjà prise. Nous ne vîmes qu'un arrangement confus dans la manière de passer au Grand Livre.

Cependant , de nouvelles réflexions et un examen plus soigné nous en firent porter un meilleur jugement. L'expérience nous fit reconnoître qu'on pouvoit éviter le défaut de forme , sans nuire en rien à la bonté du fond ; et puisque d'après nos tableaux on peut conserver au *Grand Livre* , tous les détails usités , on doit voir *par le Journal et par la facilité qu'il donne de balancer chaque jour* , que cette découverte est infiniment précieuse pour le commerce et doit être préférée à toutes les méthodes anciennes.

Il faut sans doute être courageux pour entreprendre de justifier un ouvrage , que tant de Négocians et Teneurs de Livres instruits , semblent avoir condamné. Nous puisons le courage nécessaire, dans le desir que nous avons de nous rendre utiles au commerce, et dans la croyance où nous sommes, que ceux qui en ont porté un jugement trop prompt, s'empresseront de le révoquer sur les développemens que nous avons donnés à cette invention.

Nous avons inutilement attendu la réponse du traducteur inconnu de la Méthode Simplifiée, à toutes les critiques qui ont paru contr'elle. Son silence nous autorise à nous charger du travail qu'il devoit s'imposer.

Nous ne venons pas solliciter l'indulgence des Lecteurs, nous leur demandons au contraire la plus grande sévérité.

Nous nous attacherons d'abord à prouver combien les Observations de M. Mendes sont captieuses et peu muries. Nous démontrerons, que n'ayant pas bien saisi le principe de la Nouvelle Méthode, il s'est jeté pour la détruire dans une foule de raisonnemens, où les lecteurs peuvent à peine appercevoir quelques lueurs de raison.

Nous passerons ensuite à ce que nous devons dire sur les réfutations de Messieurs *Dégrange* et *Bataille*. Ceux qui auront déjà lû le Supplément du premier *à sa Tenue des Livres*, et le nouveau *système* de la Tenue des Livres par M. Battaille, auront prononcé sur l'un et l'autre. Ils auront reconnu que ce sont des *manières* particulières de tenir les Livres,

Livres , et auront dit avec nous qu'*elles* ne peuvent point souffrir de comparaison avec la Méthode de Jones ; qui peut être employée par tous les Banquiers et les Négocians.

Il faut , si l'on est impartial et éclairé dans cette partie , avouer , sur les tableaux que nous soumettons au Commerce , que *la Nouvelle Méthode* est invariable , plus sûre et infiniment moins compliquée que les parties doubles. Tout le mérite que nous avons et que chacun auroit pû avoir , consiste dans le changement que nous avons opéré sur le Grand Livre. La forme qu'il lui avoit donnée , sapoit tous les principes reçus et mis en pratique , elle nuisoit à la propagation de son système. Nous la favoriserons , nous , en conservant ces principes , c'est-à-dire , en faisant un Grand Livre , qui soit *un Livre de Raison* , et paroissant provenir d'un Journal en Parties Doubles.

Il est à présent du sort de presque toutes les inventions , de voir l'habitude des procédés anciens , la routine et même l'ignorance , classer les résultats qu'elles promettent dans l'ordre des impossibles. Les armes du ridicule les poursuivent sans cesse , et si elles ne sont pas accablées sous leurs coups , il est du moins ordinaire qu'elles soient contraintes de se cacher pour ne reparoître que lorsqu'elles peuvent forcer l'expérience de les faire triompher. Tous nos efforts vont tendre à la faire venir au secours de *celle* de

B

Jones. Ceux qui feront des essais se convaincront comme nous , qu'elle est d'un avantage inappréciable ; ils n'hésiteront pas alors de l'adopter entiérement et notre vœu sera rempli.

La plupart de ceux qui l'ont rejetée , parce que l'Inventeur a mis, par précipitation , quelque négligence dans son travail , peuvent être comparés à cet amateur de tableaux qui refusa le présent d'un Grand Maître , en appercevant quelques taches sur le cadre. Nous nous permettons ce parallèle, et on nous le pardonnera lorsqu'on saura que tous ceux que nous connoissons pour antagonistes du systême de Jones, l'ont jugé sans autre réflexion sur la forme de son grand Livre.

Nous ajouterons et nous répéterons en faveur *de la Méthode Simplifiée.* A t'on jamais vu qu'un ouvrage qui n'est qu'ébauché , ne fut susceptible d'aucune perfection ? Les idées d'un seul homme ne peuvent embrasser celles de tous ceux qui lui succéderont et qui travailleront après lui sur le même sujet , mais ceux-ci lui devront toujours la plus vive reconnoissance , d'avoir tracé la route du bien. Ils se croiront fort heureux lorsqu'ils pourront l'agrandir et en chasser la malveillance ou l'ineptie toujours prêtes à l'obstruer.

RÉPONSE

A L'EXAMEN DE M. MENDES,

TENEUR DE LIVRES A BORDEAUX,

SUR LA MÉTHODE SIMPLIFIÉE DE TENIR LES LIVRES, PAR JONES.

Démontrer les perfections de la Nouvelle Mé-
thode (a) ; prouver qu'elle remplit l'objet que
l'Auteur annonce, et faire voir évidemment que
l'ancienne ne doit pas lui être préférée : voilà
notre but.

———

Page 7. » LE Systême des Parties Doubles, fondé
» sur un principe simple ne sauroit poser à faux,
» et c'est à tort que Jones caractérise cette méthode
» de forme routinière ».

Jones n'a pas eu beaucoup de torts en s'exprimant
ainsi. M. Mendes n'a pu soupçonner qu'il ait voulu
nier la vérité mathématique, *ce qui entre doit à*
ce qui sort. Mais ne conviendra-t'il pas avec nous
que chaque Teneur de Livres a une manière à lui de
passer les écritures, et surtout les comptes en participation, soit en marchandises, soit en Banque ?

(*a*) On sait que nous ne voulons parler que du Journal.

B 2

N'est-il pas naturel de croire que lorsqu'il a besoin de raisonner à part ses opérations, (faute d'instruction acquise par une longue pratique) et de consulter les Laporte, Dégrange, etc. il ne soit quelque fois dans le cas de faire erreur ? Cela n'arrive-t'il pas souvent ? La conception et l'expérience ne se trouvent pas chez tous les Teneurs de Livres, cependant l'une et l'autre sont de rigueur pour bien conduire des parties doubles. Cette nécessité, et les variations dans le mode d'établir sur le Journal, ne donnent-elles pas quelque raison de dire que le système, pose en partie à faux, si ce n'est en totalité ?

Le travail sera bien différent par la nouvelle méthode. Sans mettre son esprit à la torture, sans expérience, et seulement avec du gros bon sens ; on pourra passer tous les Articles au mémorial ou au Journal, parce qu'on n'aura qu'à se dire. Un tel nous doit ? *Il faut le Débiter*. Nous devons à un tel ? *Il faut le Créditer*.

Voilà toute la science de la Tenue des Livres, réduite à sa plus simple expression. Voilà toutes les connoissances nécessaires à un Négociant, pour en savoir autant que son Teneur de Livres.

Il ne s'ensuit pas delà qu'on puisse s'en passer. Il y aura toujours dans un bureau l'emploi de Teneur de Livres. La plupart d'entr'eux ne doivent donc pas craindre que la nouvelle méthode puisse leur nuire si elle étoit mise en usage. Non ; mais tous les Chefs pourront juger la régularité de leur travail, qui sera moins pénible, dont le résultat sera plus sûr, et sous ces rapports très agréable.

Pag. 8. « Jones ne doit pas prétendre qu'un homme

» puisse tromper son associé , ou le Teneur de
» Livres , celui qui l'emploie , sans que *jamais* on
» puisse les convaincre de fraude ».

Nous ne dirons pas avec Jones , *jamais* , mais
on y parvient rarement dans les maisons où les
affaires sont nombreuses. Un associé peut altérer son
débit, sur la partie pointée des Livres , et en faire
disparoître la valeur sur un compte général , par la
suppression facile d'un chiffre. En cas d'*erreur* , lorsque le Teneur de Livres procède à la confection de
sa Balance , il ne part ordinairement que du dernier
article pointé. Il la découvre , mais sans soupçonner
la double fraude opérée sur une époque antérieure,
qui ne peut détruire l'équilibre ; et l'inventaire est
présenté aux autres associés , qui le signent aveuglé-
ment , ou avec une confiance forcée.

Ce vol ne peut pas être fait en se servant de la
nouvelle méthode , sans qu'on s'en apperçoive inévitablement.

Elle ne détruit certainement pas la possibilité de
faire des erreurs , mais leur existence ne peut durer,
parce qu'elle offre pour les trouver , beaucoup de
moyens que les Parties Doubles ne donnent pas.
Chaque négociant connoîtra la manière de tenir le
Journal et pourra vérifier en cinq minutes ou un quart
d'heure les opérations d'un jour ou d'une semaine. Il
pourra exiger une explication rigoureuse de la moin-
dre rature. Le Teneur de Livres ne pourra plus lui
répondre : *Cet Article que vous n'entendez pas se
passe ainsi.* Il ne le quittera plus , payé de mots et
frustré de la lumière qu'il cherchoit. Enfin sans la
réclamer , il pourra prendre la raison de tout , parce

qu'il n'aura qu'à le vouloir. N'est-il pas bien doulou-
reux pour lui, lorsqu'il ne connoit pas les Parties
Doubles, d'être forcé d'employer la ressource qu'in-
dique M. Mendes, qui est, *d'avoir recours à
quelqu'un capable de faire la vérification qu'il
desire ?*

Nous pourrions ajouter ici d'autres reflexions aussi
essentielles. Nous les ferons naître dans l'Analyse suc-
cessive des observations de M. Mendes ; pour la faire
avec soin, nous serons entraînés à quelques répétitions
sur lesquelles on voudra bien passer, parce qu'elles
nous paroissent nécessaires.

Pag. 11. « Jones dit : que plusieurs de ceux qui
» tiennent les Livres en Parties Doubles, sont sou-
» vent arrêtés au milieu de leur course, sans pouvoir
» se rendre raison de ce qu'ils ont fait, ni de ce
» qui leur reste à faire. Il a encore tort ».

C'est malheureusement bien prouvé et M. Mendes
en convient, puisqu'il dit « que par besoin ou pré-
» somption, il y a des personnes, qui sans connois-
» sances, se donnent pour très instruites dans cette
» partie ».

Comment de pareils préposés, peuvent-ils sortir
leurs livres du cahos où ils les plongent ? Pour venir
à l'appui de ce que dit M. Mendes et abonder plei-
nement dans son sens, nous dirons à notre tour ;
que nous connoissons plusieurs maisons dans de
grandes villes, qui malgré le bon ordre qu'elles vouloient apporter dans leurs affaires, se sont trompées
plusieurs fois dans le choix de leurs Teneurs de
Livres, et contraintes de former des livres nouveaux
ne pouvant venir à bout de leur Balance ; cepen-

dant pour y parvenir, plusieurs professeurs avoient été appelés, et n'avoient pû réussir.

On nous a voulu donner la somme qu'il nous plairoit demander, pour débrouiller les écritures de trois Maisons associées. Après quelques jours de recherches sur le plan qu'il nous falloit suivre, nous répondîmes que ce seroit tromper la confiance qu'on nous accordoit que d'oser promettre un résultat avant six ans.

Nous avons vû une autre Maison qui d'impatience jetta ses livres au feu, après avoir demandé les comptes courans de ses correspondans. Ces malheurs et une infinité d'autres que nous ne citerons pas, seroient-ils arrivés, si la Nouvelle Méthode avoit été connue et pratiquée ? Il faudroit trahir sa conscience, si l'on répondoit affirmativement.

Il est bien reconnu qu'il faut être froid et avoir muri son expérience, pour conduire des *Parties Doubles*, mais il l'est aussi, d'après ce que nous venons de prendre dans les expressions de M. Mendes, qu'il y a beaucoup de Teneurs de Livres qui n'ont pas ces qualités. Ils ne peuvent donc pas trouver du premier coup, une Balance à laquelle ils ne travaillent ordinairement qu'à la fin de la campagne, pour ne pas interrompre la marche des écritures. Il faut qu'ils suivent ce dangereux et fatal usage, qui cause souvent la ruine des maisons, faute d'avoir connu leur position dans le courant de l'année.

La Nouvelle Méthode abolit cet usage et ses malheureuses conséquences. *Elle exige de rigueur, une Balance tous les mois* qui ne peut retarder d'un jour le cours des écritures, *pour peu qu'on sache faire une addition.* Et ce qu'il y a de précieux, c'est que la certitude accompagne toujours ces Balances.

Pag. 12. « Jones est dans l'erreur s'il pense que la
» seule chose qu'on cherche dans les comptoirs,
» soit de balancer le Grand Livre, et il a tort de
» dire que le plus exercé des Teneurs de Livres,
» n'a point de règles sûres pour dévoiler les erreurs ».

Si de faire une Balance (puisque vous le voulez M. Mendes) n'est pas la seule chose qu'on cherche dans les comptoirs, vous nous permettrez néanmoins de dire, que c'est une des plus nécessaires, des plus utiles, et lorsqu'on l'a trouvée, des plus satisfaisantes.

Nous ne dirons pas avec Jones, qu'il n'y a point de règles sûres pour dévoiler les erreurs, mais nous soutiendrons, et nous serons appuyés par beaucoup de Teneurs de Livres, que ces règles sont très pénibles et fastidieuses. Nous en avons vû de très méthodiques, travailler des mois entiers, pour trouver une différence sur laquelle ils avoient passé *même en pointant deux fois.*

Nous savons que les hommes ne deviendront pas infaillibles en se servant de la nouvelle méthode, mais ils decouvriront plus facilement leurs erreurs, nous le démontrerons dans peu.

Pag. 16. " Jones proscrit toutes phrases et tous
» termes techniques ; il devoit nous donner une nou-
» velle nomenclature plus convenable à l'objet ».

Quoique ce que dit M. Mendes dans cette observation soit plein de puérilité, nous allons pourtant y répondre.

L'Auteur a appelé, *Ridicule* et *mystérieux gali-*
mathias,

mathias , *les Divers à Divers.* Jean *Cadeau son* compte courant *Doit à Jean Cadeau son compte en* Compagnie. Il n'a certainement pas voulu, ni pû dénaturer, les mots, *Vin, Caisse , Casimir , Indiennes* , etc.

Ceci nous mène à faire remarquer deux défauts du Grand Livre de Jones, que nous faisons disparoître et qui ont échappés au critique.

1°. Il ne devoit pas mettre dans ses *résultats de Mois, à Caisse , par Marchandises , par notre acceptation*; parce que si les affaires sont de nature différente dans le cours du mois , on ne peut placer *à Divers , par Divers.* Rien ne doit être composé , là où tout doit être simple.

2°. Les lettres initiales des douze mois , mises l'une sous l'autre , présentoient de l'incertitude, puisqu'il y en a plusieurs qui se répétent.

Nous remédions à l'un et à l'autre , en mettant en toutes lettres , Janvier *tant* , etc. sans être obligé de dire *à qui*, ni *par qui* , puisque chaque Article est raisonné dans notre Grand Livre.

Pag. 19. Nous convenons avec M. Mendes , puisqu'il en convient avec Jones, que des erreurs peuvent être commises (non pas plus facilement entendons-nous bien) sur la nouvelle méthode, comme sur l'Ancienne.

Il faut nécessairement qu'il admette avec nous que sur toutes deux on aura débité et crédité qui de droit, sans quoi l'échaffaudage de toutes les méthodes tomberoit. Cela posé : quand bien même on auroit mis *à la gauche* du Journal , un article qui devoit être *à droite* , l'erreur se trouvera naturellement, parce qu'en transcrivant sur le grand livre, on lira, *Avoir un tel*. A moins *d'un phénomène rare*, pour nous servir une seconde fois des expressions de M. Mendes, on le *créditera*, comme il doit l'être, et en venant coucher au Journal, *la lettre et le folio du Rapport*, on fera la correction.

Pour détruire sur ce point toutes les objections que pourroient faire encore les détracteurs de la Nouvelle Méthode, nous allons supposer, que par précipitation, on n'ait pas fait cette correction : et mieux encore, que par *double erreur* sur le même article, on ait placé le rapport du Grand Livre *à gauche du Journal*, où la somme se trouve par mégarde portée. Qu'en arriveroit-il ? rien ! puisque la différence qu'il y auroit entre les Débits et Crédits du Grand Livre, feroit reconnoître infailliblement l'erreur.

On aura toujours l'agréable assurance qu'elle ne pourra pas être éloignée de plus de 30 jours, étant contraint de faire chaque mois les additions du Grand Livre et du Journal, lesquelles ne pourront jamais être raturées, ne devant les placer qu'après avoir reconnu *l'Equation*, qu'il faut rigoureusement trouver sur les deux Livres.

Nous serions tentés de croire que dans la partie de la critique que nous allons relever, M. Mendes a voulu favoriser les progrès de l'invention, ne pouvant détruire, ni affoiblir la beauté de son principe. Il est toujours à la recherche de quelques négligences dans la rédaction du système.

Il dit avec ingénuité, pag. 20. « Si Jones s'étoit » servi des phrases usitées, *que je lui ai acheté*,

» *que je lui ai vendu* , on auroit pû appercevoir
» plutôt les erreurs ».

Cette observation est pitoyable. Jones a-t-il ôté la
faculté de raisonner le Journal au gré d'un chacun et
suivant son usage ? Si vous voulez trouver ce défaut
dans le Journal de Jones, vous ne le verrez pas dans
le notre qui est pourtant basé sur le sien.

Ce que dit M. Mendes dans le premier paragraphe
de la page 21 , est fait pour surprendre, parce qu'il
lui a donné quelques couleurs de vérité.

Il suppose que de dessein prémédité , « on voulut
» altérer ou augmenter de 900 liv. , la partie de
» 18000 liv. que *le Caissier a porté en dépense*
» *pour les frais à la reception de* 40 *Pipes, Vins de*
» Malaga, *la Colonne du Milieu* renfermeroit éga-
» lement le montant des Débits et des Crédits.

Il est vrai que les bassins inégaux du Journal,
seroient équilibrés par cette colonne du milieu (*a*) ,
mais le négociant qui voudra juger par lui-même
et qui comprendra aisément la marche simple des
écritures, pourra venir voir par goût de l'ordre, ou
par amusement, les opérations du jour; et il se rap-
pelera que les frais de ces 40 Pipes, Vins, n'ont
coûté que 18,000. liv. au lieu de 18,900. liv.

On nous dira que notre réponse sur ce point ne
satisfait pas : qu'on nous laisse donc ajouter.

Etablissons qu'ayant pleine confiance dans l'homme
préposé, aucun des chefs de la maison ne vienne
vérifier son Journal ; (ce qui seroit une négligence
impardonnable vû la facilité de cette vérification).

(*a*) Nous avons placé cette Colonne du Doit et de l'Avoir à l'extrémité de la page.

le Livre du Caissier qui sera comparé tous les mois
où toutes les semaines, avec le compte de Caisse du
Grand Livre, ne fera-t'il pas connoître la différence?
Il faudroit donc supposer le caissier ligué avec le
teneur de livres, ce qu'on ne doit pas penser, car
deux frippons dans une maison sont bientôt décelés
ou se décèlent eux-mêmes. On sent, au reste, que
tous ces inconvéniens peuvent arriver, en se servant
de l'ancienne comme de la nouvelle méthode.

Nous avons encore un moyen pour découvrir la
fraude, c'est le compte de vins qui nous le présente,
qui quoique indépendant du Journal, *mais se trou-*
vant placé sur le grand livre, portera la somme
de 18,000 liv. pour frais et non 18,900 liv.

Pag. 21. IIIe. paragraphe. « Voyons si au moyen
» du Journal de Jones, je trouverai combien je dois
» et combien il m'est dû dans chaque mois. «

C'est absolument mal expliquer les intentions de
l'auteur et le but de l'invention. C'est s'arrêter sur
des mots et chercher à en tirer une fausse conséquence. Jones a prétendu dire, et c'est là un des
grands avantages de sa méthode, *qu'on voyoit d'un*
coup d'œil, par les additions du Journal, la si-
tuation exacte et générale de son commerce, mais
il n'a pas voulu nous prouver qu'on voyoit tout ce
que nos correspondans nous doivent ou ce qui leur
est dû particuliérement.

Dites-nous, M. Mendes, si par le moyen des
parties doubles, vous pouvez avoir cette *situation*,
autrement qu'en soldant tous les comptes? Peut-on
sans réflexion, appeler connoissance oiseuse, celle
qu'on peut prendre tous les jours de son actif et de son
passif?

Il convient, page 22, « que Jones a raison en di-
» sant : que la valeur des marchandises invendues
» étant ajoutée, aux *Débits* d'un tems donné, *on
» obtient la perte ou le bénéfice,* en prenant la diffé-
» rence avec les *Crédits* ».

Par cet aveu et en quatre lignes, il a plus fait
pour le système de Jones, que ce qu'il feroit contre,
par un nouvel examen d'un volume in-folio.

Il se flatte d'avoir ce résultat avec autant de facilité
par l'ancienne méthode. Nous soutenons le contraire
et tous les Teneurs de Livres savent, qu'on ne peut
se procurer *cette rigoureuse exactitude qu'en faisant
la Balance.*

Les négocians pouvoient-ils desirer quelque chose
de plus satisfaisant, que d'avoir toujours sous leurs
yeux, le tableau fidèle de leurs pertes ou bénéfices ?

Page 24 : « Le degré de perfection que Jones pré-
» tend avoir atteint *par sa nouvelle méthode en
» parties doubles,* n'est pas nouveau ».

D'accord : mais qu'il compare *la certitude,* que
procure l'invention du Journal de Jones, tel que nous le
donnons, *avec la garantie de précision,* que cher-
chent divers teneurs de livres lorsqu'ils réunissent
sur un cahier séparé, *tous les débits et crédits* de
leurs Journaux, et il sentira alors qu'en courant après
cette garantie *pendant une année,* on rencontre
inévitablement la source de beaucoup d'erreurs, en
multipliant la nécessité de tant d'additions. Aussi l'inventeur n'a-t'il donné un exemple de son système
appliqué aux Parties Doubles, que pour satisfaire
l'opiniâtreté de ceux, qui se laissant entraîner par la
force de l'habitude, ou par défaut de quelques mo-

mens d'étude ne vouloient ni ne pouvoient employer la méthode simple qu'il a créée.

Nous savons qu'il y a des teneurs de livres assez laborieux pour faire une balance tous les mois des additions de leur Grand Livre. D'autres qui poussent le soin bien plus avant, en additionnant leurs Journaux, pour avoir un terme de comparaison et s'assurer qu'aucun article n'a été omis. Avec des hommes d'un tel mérite, cette méthode sera encore meilleure et les négocians qui l'adopteront, ne se plaindront plus en général de leurs teneurs de livres, parce que ceux-ci seront forcés de leur présenter chaque mois leur balance.

Nous rejetons en conséquence *l'application du principe de Jones aux Parties Doubles*, (a) quoiqu'elle donnât plus de sécurité dans la marche des écritures, que ce qu'on peut en trouver dans les cours des Laporte, etc.

La critique de M. Mendes, auroit pû se passer d'une tournure scientifique mais bien rebattue, pour prouver qu'un et un font deux : on sait dit-il *qu'un tout est égal à ses parties prises ensemble.*

Il dit ensuite, page 27, qu'à peu de choses près on peut obtenir par l'ancienne *méthode des parties simples*, les mêmes résultats que par la méthode de Jonès. Oh! c'est un peu trop fort, et c'est vouloir soutenir ici que un et un font trois. Les négocians qui n'ont pas lû Jones avec attention, pourroient-ils croire que M. Mendes eut écrit 60 pages contre cette découverte, si elle n'avoit pas plus d'importance que la méthode des parties simples ?

(a) Ce seroit nous contredire, si nous approuvions un Journal dressé en parties doubles.

Page 28. « Jones prétend que des sommes consi-
» dérables peuvent entrer, dans le Journal, sans
» jamais avoir passé sur le grand livre. Il est prouvé
» que cela ne se peut pas ».

Nous ne dirons pas avec Jones *que pour s'en con-*
vaincre, l'entreprise seroit vaine. Nous savons seulement que par inattention on peut pointer un Article
qui n'auroit pas été passé sur le Grand Livre. Nous
conviendrons de plus pour satisfaire M. Mendes, que
c'est très difficile et rare, mais il avouera que lorsque cela arrive, *la balance n'en souffre nullement*,
et que l'erreur se trouvant sur un compte particulier, nous pouvons faire une perte, si l'envoi d'un
compte courant est reçu par un correspondant de
mauvaise foi.

Pour parer à ce danger il faut donc absolument
additionner le Journal et alors vous entrez dans la
Méthode de Jones. Vous voilà pris à ce que je crois,
M. Mendes, dans vos propres filets.

En relisant et ayant sous les yeux les observations
que fait M. Mendes, (page 31) nous reconnoissons
avec plaisir, qu'il n'a pas saisi ou qu'il se plait à mécon-
noître la vérité *du principe de Jones*. Nous ne disputerons pas avec lui sur le titre *Partie Simple*, ou
Mixte. Nous l'appelerons sans la baptiser d'un autre
nom, *Méthode de Jones*. Voici donc encore une
fois, quel est son principe.

Il faut généralement et dans toute la simplicité du
sens, Débiter celui qui doit et Créditer celui à qui il
est dû. Dès que cette base naturelle est posée dans
l'esprit on sait tenir les Livres. Exemple :

Antonio de Malaga nous facture 40 pipes, vins :
Il faut le Créditer de 24,000 liv. pour leur montant.

Il fait traite sur nous de cette somme et nous acceptons sa traite, il faut le *Débiter*.

Mais puisque nous ne sommes plus Débiteurs d'Antonio faut-il bien que nous le soyons encore de quelqu'un, n'ayant pas payé le Vin ? Que devons-nous faire alors ? *Créditer* l'acceptation sur un compte connu (ou arbitraire) *Lettres et Billets à payer*. On ne sera donc pas dans l'incertitude (comme il plait à M. Mendes de le dire), de savoir, si tel débiteur doit être suivi d'un créancier, ou non.

On peut donc conclure ici que tous les comptes généraux ne doivent être ni débités, ni crédités au Journal. En les y admettant tous les articles seroient en Parties Doubles, et l'avantage de pouvoir connoître sa situation tous les jours, disparoîtroit, puisqu'on ne peut l'obtenir d'après l'idée heureuse de Jones, qu'en prenant la différence qu'on doit trouver entre les débiteurs et les créditeurs personnels.

Nous répondons à votre page 33, en vous disant que le compte de Caisse doit être inséparable de la nouvelle méthode. Nous savons qu'on pourroit suppléer à ce compte comme à celui des Lettres et Billets à Payer par des livres auxiliaires, mais alors le Caissier et celui qui tiendroit ce dernier livre seroient arbitres de leurs situations. Il faut donc qu'il y ait sur le grand livre l'un et l'autre compte, pour justifier l'entrée et la sortie de l'argent et des effets mis en circulation.

Cette remarque que M. Mendes n'a fait qu'en passant a été d'un grand fruit pour nous. Elle nous a fait naître l'idée simple et naturelle, de composer un grand livre tel, que les articles y fussent tous

portés

portés au débit et au crédit, tel enfin, qu'il seroit, provenant d'un Journal tenu en parties doubles.

Tous les comptes possibles et dont on aura besoin s'y trouveront ouverts, mais de manière que tous les débiteurs et créditeurs personnels (dans le nombre desquels seront compris, Caisse et Billets à payer) n'importe les folios ou ils seront placés, *auront seuls une liaison directe avec le Journal.*

Les comptes généraux, profits et pertes, lettres et billets à recevoir, et marchandises générales ou particulières, etc. en formeront la seconde partie, indépendante du Journal.

Par le secours de ceux-ci on aura une nouvelle et irrécusable preuve de l'exactitude des écritures, puisqu'en ajoutant le montant de leurs débits et crédits, aux sommes des débits et crédits des comptes particuliers, on obtiendra une balance en partie double.

Voilà donc un traité de paix entre le système de Jones et celui des parties doubles, en conservant le Journal de l'un et le grand livre de l'autre, qui sert aux résultats de tous les deux, et à chacun desquels le compte de profits et pertes tend la main, en leur présentant pour garantie incontestable, *la différence de son débit à son crédit.*

On nous fera peut-être la misérable objection que le Journal ne portant ni le débit, ni le crédit des comptes généraux, le teneur de livres ne sera pas guidé pour en faire le transport sur le grand livre. Mais répondrons-nous, il saura d'après notre plan, *que tous les articles doivent être portés à double sur le grand livre*, et que tous les comptes qu'on y renfermera, auront comme en parties doubles, la

D

colonne des folios du rapport. (Voyez la page 4?)
Il verra que ces comptes généraux représentent les
livres auxiliaires voulus par Jones, et où nécessairement, il faut faire mention des achats ou ventes
de marchandises et effets : il n'aura de plus que le
compte de profits et pertes, au débit duquel il pla-
cera toutes les pertes et au crédit tous les bénéfices;
et sans qu'il s'en doute, en ayant un Journal d'après
Jones, il tiendra un grand livre en parties doubles.

Répondant à votre page 34, avouez M. Mendes
sur ce que nous avons déjà dit, que des livres tenus
de cette manière, sont à la portée d'un écolier, et que
par conséquent tous les chefs de commerce qui ne
sont pas des écoliers, pourront juger eux-mêmes
si leurs livres, dépôts de leur tranquillité et de leur
existence, sont bien tenus.

Nous passons sur l'exemple de parties simples,
que M. Mendes donne pag. 35, parce qu'il déclare
pag. 36, « qu'elles sont encore plus compliquées que
» les parties doubles, ou en d'autres termes qu'elles
n'ont pas le sens commun.

Nous allons démontrer les avantages qu'on peut
retirer de la nouvelle méthode et que M. Mendes
refute pages 40 à 45.

Jones dit :

1°. *Ma méthode réduit le travail.*

2°. *Elle permet de rapporter chaque jour.*

3°. *De balancer les livres aussi souvent qu'on le
juge convenable.*

4°. *De ne pouvoir ni ajouter, ni omettre un
centime, sans qu'on s'en apperçoive inévitablement.*

Elle réduit le travail ?

Sans doute : qu'on jette les yeux sur notre Journal et qu'on mette en parties doubles , *non un article choisi* , mais les opérations d'un mois qui ne sont pas nombreuses , et l'on jugera. Au reste ce ne seroit pas *sur la réduction évidente du travail* , que seroit fondé le mérite de la nouvelle méthode ; si elle n'étoit pas *plus sûre* que les parties doubles et à la portée de tout le monde , l'économie du tems ne devroit pas la faire préférer.

Elle permet de rapporter les livres chaque jour ?

Ceci vient à l'appui de l'explication précédente ; si on ne veut s'en convaincre que par expérience , qu'on fasse donc ce que nous avons dit. Nous sommes forcés de convenir quant au grand livre qu'on ne peut avoir cette faculté entière, que par celui de Jones , dans lequel on ne place aucun raisonnement , mais que par le notre, le travail n'est pas moins long qu'en parties doubles , puisque toutes les sommes y sont portées au débit et au crédit.

De balancer les livres aussi souvent qu'on le juge convenable ?

Oh ! ceci est de toute vérité. La manière facile de balancer tous les jours par la nouvelle méthode, ne peut être comparée à aucun des moyens connus jusqu'à ce jour et qui lui sont infiniment inférieurs.

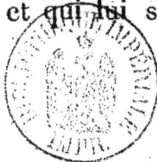

A moins d'être prévenu , pourroit-on soutenir et
mettre en parallele celui que donnent les parties doubles ? Voici ce qu'*elles* exigent.

Suivant la masse des affaires , *il faut chercher
des additions égales* sur 200. 500 ou 1000 comptes
et que le hazard peut rendre telles , même après
en avoir fait la preuve.

C'est bien le cas de se servir encore des expressions de M. Mendes , quel travail ! grand Dieu !
quelle souffrance pour le teneur de livres , lorsqu'a-
près avoir fait tant d'additions , une erreur ne rend
pas les bassins égaux ! *Il a cependant pointé tous
les articles.* La première et accablante ressource est
celle de recommencer ses additions , et si l'erreur
n'est pas trouvée comme il arrive souvent , le dé-
sespoir s'empare de lui , il déchire toutes ses notes
et , bon gré malgré , *il faut repointer.* Quelle
anxiété pour lui! quelle inquiétude pour les négocians
qui demandent avec impatience la balance de leurs
livres ! Ceux-ci le traitent d'ignorant et c'est souvent
un homme de mérite dont une légère distraction fait
tout le tort.

La balance qu'on obtient si promptement par la
nouvelle méthode , est démontrée.

1°. Par l'égalité de la colonne du *Doit et de l'Avoir*
avec celles de droite et de gauche sur le Journal.

2°. Par la parité de celles-ci avec les sommes portées sur le grand livre *aux comptes personnels.*

3°. Par le compte de profits et pertes , puisque le
solde de ce compte , doit donner exactement la différence trouvée entre les sommes des débits et crédits
du Journal.

4°. En ajoutant , comme nous l'avons déjà dit le montant des débits et crédits des comptes généraux , à celui des débits et crédits des comptes particuliers ; ce qui amenera dans le système de Jones l'ancienne manière de balancer les écritures, c'est-à-dire , des additions égales dans l'actif comme dans le passif.

On conviendra donc , que puisqu'il ne s'agit que de faire les additions du Journal pour avoir sa balance , ce moyen est bien expéditif , et qu'on peut l'employer tous les jours , à toute heure.

Nous devons faire ici une observation importante, sur la *sommation* de la colonne des balances , que Jones fait suivre de page en page sur son grand livre.

Il dit page 34 de sa méthode simplifiée après l'avoir prouvé par un exemple.

« Par ce moyen , chaque folio sera vérifié progres-
» sivement et les balances de dix mille grands livres,
» tenus d'après cette méthode , ne peuvent pas être
» mal établies , sans qu'on s'en apperçoive ».

Dans l'enthousiasme de cette découverte , il ne prévit pas les obstacles qui s'opposeroient à une balance sur chaque folio. Il auroit raison, si jamais un compte n'étoit transporté d'un folio à un autre, *ainsi qu'il l'a fait dans ses tableaux* ; mais comme ces transports sont souvent forcés , suivant le nombre des affaires , il en résulte que pour conserver la faculté de balancer à chaque page , il faut nécessairement en transportant un compte particulier , *contrepasser dans la colonne des balances , la somme qui fait le solde au folio transporté , et faire* attention de mettre encore ce solde *dans la colonne des mois*, qui sert à régler les correspondans, et non dans la colonne ordinaire qui sert à recevoir toutes les opérations en détail. Sans la pratique de cette régle, l'équilibre dans la colonne des balances seroit rompu.

Nous avons jugé que *ces colonnes des balances* étoient une surabondance inutile, d'après la forme de notre grand livre, nous les avons supprimées.

De ne pouvoir ajouter, ni omettre telle somme que ce soit, sans qu'on s'en apperçoive inévitablement ?

L'invention qui repose sur un fondement plus solide et plus inaltérable que les parties doubles, garantit cette assertion. Nous renvoyons aux explications que nous avons déjà données et qui le démontrent d'une manière sensible.

Passons à l'examen que M. Mendes fait du grand livre, il dit page 46.

» Tous les comptes contenus dans chaque page, » (*qu'ils soient soldés ou non*) sont cumulés ensem- » ble et leur totalité portée au bas. Ces sommes » sont ensuite rapportées aux pages suivantes, et » ainsi successivement jusqu'à la fin de l'année ».

Cette assertion est tout à fait contraire à la vérité. L'accumulation de tous les comptes a cela de beau et d'avantageux, qu'elle ne nuit en rien à leur situation respective, puisqu'ils sont séparés et indépendans de cette accumulation, *par la colonne des mois*, où l'on peut à volonté clorre et solder tous les comptes.

L'explication donnée, nous pourrions manifester

notre étonnement, de voir écrit en caractères itali-
ques , *qu'ils soient soldés ou non* , comme si
M. Mendes vouloit faire entendre qu'il y a impossi-
bilité , et que les comptes en doivent être troublés.

Il nous permettra de lui dire, que les lecteurs
restent persuadés qu'il n'a pas bien examiné l'ouvrage
qu'il combat et qu'ils condamnent son examen, lorsqu'ils y lisent « que les sommes rapportées aux
» pages suivantes le sont successivement jusqu'à la
» fin de l'année ».

Qu'on ait recours à l'ouvrage de Jones, et l'on y
verra que tous les trois mois, les additions sont
cloturées et recommencées , comme si l'on vouloit
faire une balance. La peine des longues additions a
été bien sentie par l'auteur, il y a remedié de cette
manière , et mieux encore en exigeant les additions
de mois.

M. Rodrigues a dit dans le Journal de Commerce , que le grand livre ressembloit plutôt à un
livre de notes, qu'à un livre de raison, et M. Mendes
se réunit à lui en disant pag. 48. « Que n'y ayant
» point de raisonnement , les altérations faites au
» grand livre peuvent être cachées, *jusqu'à la fin*
» *des trois mois*, époque où les sommes du Journal et
» du grand livre sont balancées ». Première contradiction avec ce qu'il dit p. 46.

Nous lui ferons observer qu'il faut n'avoir pas
refléchi pour faire une pareille objection. Rien n'empêche de raisonner le grand livre d'une manière
satisfaisante , soit en ne mettant que deux colonnes,
et à la rigueur, qu'une seule, comme en parties doubles. C'est ainsi que nous l'avons pratiqué.

Nous ajouterons et nous repéterons à M. Mendes que pour s'assurer de la conformité du grand livre avec le Journal, on vérifie *tous les mois*, comme pag. 49, il le dit d'après l'auteur. Il ne faut donc pas attendre trois mois pour reconnoître l'erreur. Seconde contradiction avec ce qu'il a dit pag. 46. » que les sommes sont successivement additionnées » jusqu'à la fin de l'Année ».

Pag. 50. Ce que dit M. Mendes sur la manière de pointer de Jones, est dans le très petit nombre de choses qu'il a avancées de miéux : cependant l'exclamation quel travail ! grand Dieu ! sur la revérification des additions n'est pas fondée, car quel que soit le nombre des affaires pendant un mois, les sommes étant partielles, ne fatiguent pas pour avoir les totaux. Soyons néanmoins encore une fois d'accord, l'une n'exclut pas l'autre manière de pointer.

Nous devons faire sentir ici que la lettre donnée à chaque compte et que M. Rodrigues que nous avons déjà cité, traite de *hiérogliphe*, est un moyen ingénieux. M. Rodrigues a été un peu plus savant que certains sauvages qui ne savent compter que leurs cinq doigts et voyent l'infini au bout. Il a cru *lui* qu'après l'emploi des 24 lettres, on ne pourroit plus ouvrir de comptes.

Sa tête n'a pas renfermé l'idée simple qu'on pourroit écrire 2 a, 2 b, 2 c, 3 a, 3 b, 3 c, etc. et qu'on peut aller ainsi jusqu'au 216ᵉ. compte, sans avoir plus de deux signes et depuis 217, jusqu'au 2376ᵉ. sans en avoir plus de trois en finissant par 99 z. Bornons notre réponse qui est aussi inutile que l'objection étoit ridicule, et venons au fait.

A l'aide

A l'aide de ces lettres, ou tel autre signe arbitraire qu'on voudra choisir, on peut vérifier sur le Journal, si chaque article a été placé en son lieu sur le grand livre. Il arrive souvent aux teneurs de livres les plus méthodiques et les plus attentifs, de passer à un compte ce qui devoit l'être à un autre, sur un folio où il y en a 4 ou 5. et lorsqu'ils pointent, ils peuvent marquer 3000 liv. à Jean qui devoient être portés à Pierre. Or donc; il aura mis sur le Journal la lettre du compte de Jean, où il a par mégarde porté la somme destinée à Pierre. En promenant rapidement son répertoire, à côté des lettres du Journal, il verra que la somme de Pierre a été portée à Jean, l'erreur disparoit. Pour que cette confrontation soit facile il faut se faire un répertoire, sur une ou deux pages de grand papier, qu'on divisera en 12 ou 24 cases, suivant le nombre de comptes qu'on a ouvert sur le grand livre. Pour complaire à ceux que la nouveauté effraye, nous avons encor supprimé ces signes du rapport, mais nous croyons que de leur emploi, il n'en résulteroit que du bien.

Nous avons considéré comme bien juste tout ce que nous avons répondu sur l'examen de M. Mendes, parce que nous sommes soutenus de toute part. La tache que nous nous proposons de remplir nous force de présenter la critique sous le point de vue où elle doit être envisagée. Nous n'avons pour cela qu'à revenir sur ce que nous avons déjà dit : que son auteur ne connoit pas le principe du système qu'il combat. Il repète p. 51 et nie la vérité du texte de Jones qu'il a placé p. 48. « Les livres par ma méthode permet-
» tent toujours de voir d'un coup d'œil, la situation

E

» du commerce le plus étendu sans avoir besoin de
» feuille de balance ni de redressement ».

L'intention de l'auteur n'a été dans ce cas, que
de parler du Journal et non du grand livre. Le critique est convenu (pag. 22, nous l'avons dit) *que
le montant des marchandises invendues ajouté au
Débit du Journal dans un tems donné, fait connoître la perte ou le bénéfice en prenant la différence qu'il y a avec les crédits.* N'est-ce pas voir
d'un seul coup d'œil la situation de son commerce
sans feuille de balance. Par un seul pas et sur un
chemin bien uni, on arrive directement au but, où
les parties doubles ne vous font arriver, qu'à travers
des routes tortueuses, remplies de ronces et d'épines.
Nous allons nous répéter encore pour en simplifier
la preuve.

Nous avons démontré les moyens de remédier aux
erreurs involontaires ou occasionnées par la fripon-
nerie. Laissons de côté pour un moment la malheu-
reuse vérité que la fraude peut se glisser partout,
et supposons, que des erreurs reconnues ayant été
corrigées par les voies indiquées, on veuille avoir
quand on le desire, la situation totale et exacte de
ses affaires. N'est-il pas constant que nous ne mettons
au débit du Journal, *que ce qui nous est dû*, et au
crédit *rien que ce que nous devons*? L'un et l'autre
arrêté chaque mois et chaque jour si on le veut. Or
ayant pris l'état des marchandises invendues, qu'on
trouve sur les comptes d'entrée et de sortie, placés
sur le grand livre : réunissant à la valeur qu'on leur
a donnée, le montant des effets en porte-feuille,
et ajoutant le tout à la somme des débits, n'a-t'on

pas par une seule soustraction, la situation de son commerce sans solder tous les comptes ? Il n'y a donc pas ici de travail pénible à entreprendre, sa nécessité n'est que dans l'esprit de M. Mendes et non dans le fait.

Ce que nous lisons page 53, annonce un homme singuliérement prévenu. Il dit « que n'y ayant point » de comptes de marchandises, on est forcé si l'on » veut savoir ce qu'elles ont produit, de recourir au » Journal et de faire le relevé article par article, de » toutes celles achetées ou vendues ».

Si après avoir avancé une chose absurde on nous forçoit au silence, certainement sa page 53, lui fermeroit la bouche pour toujours. Ou voulez-vous M. Mendes qu'on ait pris tous les articles du Journal relatifs aux marchandises ? Il faut bien que ce soit sur des comptes d'achats et de ventes, transcrits sur des livres auxiliaires. Ces comptes ne vous donnent-ils pas les pertes ou les bénéfices faits, sans aller recourir au Journal et le relever article par article ?

Par le moyen que nous avons adopté, on ne renverra pas à des livres auxiliaires, puisque l'entrée et la sortie des marchandises se trouveront sur le grand livre.

La seule chose qui soit recevable dans l'examen de M. Mendes (notre impartialité nous fait lui rendre justice) c'est que n'y ayant point de comptes de frais sur le grand livre de Jones, on ne peut connoître la dépense faite, sans relever tout le journal: mais comme le notre renferme le compte de profits et pertes, puisqu'il est semblable à ceux tenus en parties doubles , on n'éprouvera pas cette difficulté.

On verra par notre grand livre que tous les comptes en participation , que toutes les affaires avec des correspondans étrangers sont applicables à la Méthode de Jones. Nous nous flattons que M. Mendes ne balancera pas de l'avouer , puisque nous lui prouvons , répondant à sa page 58 , qu'on peut établir ces comptes de la manière usitée , et y tracer toutes les colonnes nécessaires.

Ces essais ayant par leur nature un caractère polémique nous avons été forcés d'en prendre quelquefois le stile. Nous n'avons cependant eu d'autre intention , que d'attaquer l'opinion hardie de M. Mendes , sur le système que nous défendons , et non de lui adresser quelque chose de désagréable ; s'il pouvoit le penser nous le prions de croire à la sincérité du désaveu que nous en faisons d'avance.

A M. Ed. DÉGRANGE.

Nous devrions refuter plus particuliérement les observations de M. Ed. Dégrange , parce que son nom connu très-honorablement dans les annales du commerce, fait une espèce d'autorité, mais ce qu'il dit sur l'invention de Jones , n'étant qu'une analyse de l'examen de M. Mendes , notre réponse en général doit lui être commune.

Puisque selon lui les parties doubles sont la méthode par excellence et « que de jeunes élèves , » étrangers aux affaires , saisissent parfaitement sur » l'estimable ouvrage qu'il a produit ; » pourquoi , par une contradiction singulière , venir fournir des armes contr'elles en nous donnant une nouvelle méthode ? Pourquoi dire , folio 11 *de son supplément* à la tenue des livres rendue facile , qu'il ne prétend pas déprécier celle de l'auteur Anglois , tandis qu'il le décrie et cherche à l'avilir pour faire distinguer la sienne ?

Il devoit sentir que le moyen qu'il nous donne , ne sera jamais employé dans les maisons où le compte *de débiteurs divers* ne peut être mis généralement en usage. Pour suivre son plan il faudroit avoir un livre qui pût et au délà contenir 500 colonnes. Persistera-t'il à soutenir que le n°. donné à chaque compte remplit cet objet ? Nous ne répondrons plus rien , parce que tous ceux qui jetteront les yeux sur cette *manière particulière* de passer les écritures , décideront qu'elle est inapplicable au commerce.

Qu'il nous permette d'ajouter que les connoissances dont il a fait preuve , dans *sa tenue des livres rendue facile* nous persuadent qu'il a senti *tout l'avantage* qu'on pouvoit retirer du système de Jones , mais qu'il n'a pas voulu le faire sortir des embarras qui l'enveloppoient.

Nous conviendrons avec lui que Jones n'a pas assez ménagé ce qu'on doit aux parties doubles.

Qu'en supposant des erreurs , il faut dans sa Méthode comme dans toutes les autres , recourir à l'examen de tous les articles , et tranchons le mot , il faut pointer.

Que la forme de son grand livre devoit faire condamner son système en entier , par les personnes qui ont l'habitude de dire au premier coup d'œil et sans réflexion, *cet ouvrage ne vaut rien.*

Enfin que dans notre réponse à M. Mendes nous avons fait connoître d'autres défauts, que les critiques n'avoient pas apperçus.

Mais que M. Dégrange convienne qu'il a tort, en disant pag. 10 de son supplément; « que Jones n'a » point ouvert de compte aux billets à payer ». Puisque ce compte ainsi que celui de caisse sont considérés dans son système, comme *des débiteurs personnels.* Qu'il n'y a que ceux-ci d'admis dans le Journal, afin de se procurer par la facilité des additions, la connoissance journalière de l'actif et du passif.

Qu'il convienne, enfin, que les marchandises et les lettres et billets à recevoir (qui sont eux-mêmes marchandises) étant mis à part, offrent un bienfait nouveau pour le commerce, puisque leur valeur, *réunie au montant des débits,* donne au négociant la juste mesure de ses pertes ou de ses bénéfices, sans qu'il ait besoin de faire la balance.

Il n'en est pas un qui ne se soit dit quelquefois dans l'intervalle d'un inventaire à l'autre. *Je ne sais où est mon avoir.* Pour le tranquilliser il falloit solder tous les comptes courans, et prendre l'état des marchandises et des effets. A présent sans avoir recours au teneur de livres, il jette les yeux sur son Journal, termine l'addition de la page si elle n'est déjà faite, et il connoît son actif et son passif. Le restant de l'opération est indispensable avec toutes les méthodes.

Quand l'adoption du système de Jones ne feroit

que forcer les teneurs de livres d'arrêter leur balance tous les mois , ce seroit le dernier pas fait vers
le bon ordre. M. Ed. Dégrange est sans doute trop
juste pour ne pas l'avouer.

En faisant la comparaison de sa méthode avec celle
de Jones , il dit modestement, que celle-ci *ne peut
la supporter* , et cependant il n'attache ni gloire , ni
intérêt à publier la sienne.

Comment concilier cela ? Voici ce que nous pensons.

Que M. Ed. Dégrange a produit une mauvaise
méthode de tenir les livres pour en détruire une
bonne , qu'il vouloit faire croire mauvaise. Que
c'est un tour de force et un moyen peu commun
pour essayer de les faire rejetter toutes les deux et
consolider l'habitude des anciennes.

Nous sommes désespérés d'élever la voix contre
la critique d'un homme dont nous respectons infiniment le mérite et les talens. Il nous le pardonnera
en faveur de l'impartialité qui caractérise notre
réponse. Nous pousserons notre franchise jusqu'à lui
dire , que comme auteur d'un des bons Traités que
nous ayons sur les Parties-doubles, il auroit dû garder
le silence et ne pas faire appercevoir l'intérêt personnel , que malgré son assertion contraire , il a pu
apporter dans tous les points de sa critique.

A Mʳ. BATTAILLE.

LES nombreuses critiques d'un ouvrage , en prou-
vent beaucoup plus la bonté que les défauts. Ainsi
nous nous applaudissons , pour l'invention de Jones,
d'en avoir encore une à combattre.

Il faut donc voir ce que nous pourrons répondre à *M. Battaille.*

Si dans sa Réfutation de la méthode simplifiée, ce génie supérieur, avoit employé le ton d'un homme qui se dit ou se croit fort au-dessus de son sujet, il auroit sans doute persuadé des lecteurs qui ne jugent que d'après les autres ; mais il n'a montré qu'un désir violent qui est de faire prévaloir le nouveau système qu'il a enfanté.

Pour détruire celui de Jones, il a été, ce nous semble, à la découverte des expressions qui pouvoient amener un résultat inverse de celui qu'il vouloit obtenir. Il a toujours discuté comme un énergumène, et, à chaque mot, on le voit désespéré de ne pouvoir *batailler* corps-à-corps avec Jones ou son traducteur, ne pouvant les vaincre avec une plume trempée dans le fiel et conduite par la jalousie.

Examinons sa Réfutation, et après qu'on nous nous aura entendu, laissons la faculté de prononcer aux Négocians et Teneurs de livres, qui visent comme nous à la perfection et à la simplicité des écritures.

Dans son *Avant-propos*, le critique se permet de dire « que la Méthode de Jones est d'une médiocrité » excessive ».

A la 2.me page de sa Réfutation, il dit : « que » c'est une production *ridicule et bizarre* : que cet » ouvrage est publié avec toute l'*emphase du char-* » *latanisme* : que s'il ne paroissoit recommandé *par* » *les témoignages les plus respectables*, il n'en » parleroit pas, et que sa chûte seroit d'autant plus » honteuse à l'auteur que par une production *aussi* » *misérable,*

» *misérable* , il décèle la plus profonde ignorance ,
» l'esprit le plus superficiel et le plus présomptueux».

On voit que M. Battaille, (qui ne se maltraite pas
dans l'exposé de son système), use avec peu de
modération du droit qu'il prend de maltraiter les
autres. «Cependant on ne l'accusera pas , dit-il ,
» de personnalité contre l'Anglais Jones ou le traduc-
» teur de sa méthode ; ils lui sont totalement in-
» connus ».

A quoi nous exposons-nous ? est-ce du fond de
la Province qu'il convient de prétendre éclairer M.
Battaille , lui qui en fait d'écritures , est le foyer
de la lumière et de la raison ? Ne méritons - nous
pas , puisque Jones est un sot , (nous qui osons
soutenir une partie de sa *misérable production*) , de
nous entendre dire :

Qu'un sot trouve toujours un plus sot qui l'ad-
mire. Gardez-vous bien M. Battaille de penser et
de dire autrement.

Venons au fait.

Que peuvent penser ceux qui lisent M. Battaille ?
que si l'ouvrage de Jones étoit aussi ridicule , bizarre
et médiocre que ce qu'il veut le persuader, il étoit
inutile de le réfuter : qu'avec tous ces défauts, il
tomberoit de lui-même ; et que le critique, en pro-
duisant *un nouveau système de sa façon*, ne devoit
pas dans une explication de 36 pages, en employer
la moitié contre Jones. C'est la première conséquence qui tombe sous les sens.

Nous passons sur une continuelle dérision , sur
l'ironie la plus amère , prodiguées dans la critique
de M. Battaille, pour venir aux preuves qu'il cherche,

F

pour porter tort à la méthode de Jones , mais qu'il ne trouve pas.

Il veut bien nous apprendre à la page 3 , qu'*une balance se compose de deux additions égales* , et qu'il n'y a point de balance dans l'ouvrage de Jones, auquel il invite le lecteur de recourir. Il ajoute : « Puisque les seules opérations à terme , sont trans-
» portées au grand livre, il est évident que le journal
» contient des sommes non contenues dans le grand
» livre , et par conséquent ces deux livres ne peu-
» vent Je balancer ».

Ceux qui ont lu Jones , ou qui verront nos tableaux , ont trouvé et trouveront la preuve con-traire , puisque toutes les affaires au comptant ou à terme sont passées au journal.

M. Bataille avance dans le même paragraphe un autre argument de la plus grande fausseté , dont la démonstration simple et claire doit faire estimer sa critique à sa juste valeur , et faire encore triompher Jones. A la vérité cette fois-ci *ce sera sans gloire.*

Ce second argument est selon lui l'analyse de 63 pages in-4°. écrites par Jones. " Le voilà détruit ,
» s'écrie-t-il , ce systême qui alloit renverser tous
» les autres ; *un seul mot le réduit au néant* ,,. Il nous semble voir un enfant au pied d'une montagne qu'il veut réduire à sa hauteur.

" Quel est , dit-il , le but principal de la méthode
,, de Jones ? c'est de donner, par le journal, la con-
,, noissance du coût et du produit des opérations du
,, commerce , afin de voir par la comparaison les
,, profits ou les pertes. Cependant (dans l'exemple
,, qu'il donne , fol. 49 ,) je ne vois pas les 200 liv.

„ que j'ai gagnées, puisque les additions du journal
„ sont égales. „

 „ Si j'achète pour 1000 livres, et que je vende le
„ même objet 1200 livres, j'occasionne en payant
„ un débit de 1000 livres, et si l'on me paye un
„ crédit de 1200 livres. Ces deux opérations contre-
„ balancent les deux premières, je n'y vois donc
„ pas un bénéfice de 200 livres. „

Très-bien M. Bataille, on ne peut pas plus adroi-
tement renverser le bon sens et mieux voiler la vérité.
 Puisque vous payez *avec une remise que vous aviez
en porte-feuille*, il falloit commencer votre tableau
comme celui-ci, et vous auriez trouvé par la différence des colonnes le bénéfice qui résulte de votre
proposition.

COLONNE DES DÉBITS.	*Du 1 Février* 1803.	COLONNE DDS CRÉDITS.
	Avoir, capital, remise en porte-feuille.	
	N.º 1	1,000 l.
	Du 12 Avril.	
	Avoir, Paul de Paris, pour achat de . . .	1,000
	Du 25 Septembre.	
1,200 l.	*Doit* Henri de Rouen, pour vente.	
	Du 2 Octobre.	
	Avoir, Henri de Rouen, pour sa remise N.º 2.	1,200
	Du 29 d'Avril.	
1,000	*Doit* Paul de Rouen, pour ma remise N.º 1.	
1,200	Remise N.º 2, trouvée à l'Inventaire.	
3.400 l.		3,200 l.

F 2

Si vous aviez bien fait attention à ce que vous a dit M. Jones , vous auriez su qu'il faut toujours ajouter *au montant des débits* , la valeur , estimée, des marchandises invendues , et des effets en portefeuille , pour avoir au juste les pertes ou les bénéfices.

N'espérez donc plus M. Battaille de capter les suffrages et la crédulité des lecteurs. Votre note explicative, fol. 15 , ne pourra les ramener à votre opinion.

Nous nous en rapportons à l'avenir pour savoir si l'on aura adopté votre nouveau systême de la tenue des livres , qui offre , dites-vous , *par sa manière ingénieuse et concise et avec tant de sécurité,* toutes les connoissances complettes de la tenue des livres.

Vous nous permettrez cependant de faire observer que ceux qui la mettront en pratique , se trouveront en opposition avec le Code de commerce , et par-là condamnables.

Ce Code a voulu et prescrit sagement qu'on puisse reconnoître , en cas de faillite , la véritable position d'un Négociant ; et à cet effet , il a ordonné de tenir un régistre d'*Inventaires annuels*.

Vous ne vous êtes pas soumis à cette volonté conservatrice de la fortune des particuliers , puisque vous employez un moyen de cacher vos intérêts à tout le monde (*a*). Dans le fait , nous vous rendons justice , *ce moyen est bien ingénieux* , puisque ni

---

(*a*) Direz-vous que le Négociant peut tenir ce régistre ? mais s'il meurt , et que ce régistre soit égaré ou enlevé par des intéressés , comment prouverez-vous l'avoir de ce Négociant ?

le journal ni le grand livre , ne pourroient faire connoître l'avoir d'un failli.

Cela paroîtra extraordinaire , mais la preuve est puisée dans votre système ; et dans ce que vous assurez , page 26.

« Les colonnes de l'inventaire , donnent au Négo-
» ciant seul *qui tient l'inventaire secret* , la satis-
» faction de voir ses pertes ou ses bénéfices. „

Direz-vous que vous avez écrit avant la publica-
tion du Code de commerce ? On vous répondra que l'Edit de 1675, exigeoit impérieusement de balancer les écritures tous les deux ans , et de déposer l'inventaire sur le journal.

M. Bataille trouvera sans doute surprenant que nous relevions ses erreurs , lui qui n'a écrit que contre la méthode de Jones , et non sur les développemens que nous lui avons donné , qu'il ne pou-
voit connoître.

Nous lui dirons alors que nous ne répondons pas à ceux qui ont jugé verbalement cet ouvrage , ou sur un apperçu , ou sur la forme ; mais que celui qui s'en est érigé le censeur , et se permet d'être l'organe de l'opinion publique , devoit méditer davan-
tage avant de publier son jugement : il devoit sentir que cette méthode étoit susceptible d'une infinité d'améliorations et pouvoit prendre toutes sortes de forme , selon la nature et la masse des affaires de ceux qui l'adopteroient , mais toujours en conservant le journal qui en est la base précieuse.

APRÈS avoir répondu à tous ceux que nous connoissons avoir écrit contre Jones et réfuté leurs critiques, nous terminons en parlant d'un opuscule de M. *Chappuis* de Genève, sur la tenue des livres.

Comme les autres il s'est tourmenté l'esprit pour trouver une manière qui ne fut pas connue ; mais il a été obligé de se rendre à la simplicité du principe de Jones, en formant un journal qui ne renfermât dans une colonne que les *Débiteurs* ; et dans la seconde que les *Créditeurs*.

Occupés depuis plus long-tems que lui à cette recherche, nous lui faisions chaque jour de nouvelles objections sur les prétendues découvertes qu'il nous vouloit prouver avoir faites ; mais comme nous le vîmes laborieux, nous conservâmes l'espérance qu'il feroit mieux que Jones. Pour le soutenir nous lui communiquâmes notre travail ; et en résultat, nous avons été déçus dans notre attente, puisqu'il n'a rien inventé : qu'au contraire il a laissé dans l'exposé des articles sur le journal une incohérence qui détruit cette simplicité et cette clarté auxquelles nous tenons si fort ; c'est-à-dire, qu'après avoir fait un *débit* et un *crédit* en deux articles séparés, (tel que Jones l'a constamment fait) il nous fournit des articles en parties-doubles, ce qui forcément nécessite de les connoître.

Nous avons quelque chose de plus à dire sur son travail : puisque après avoir vu et revu notre ouvrage pendant six mois , il a fait imprimer le sien sans nous le communiquer , il nous permettra de faire observer à ceux qui liront son journal , qu'ils n'y trouveront point *les opérations faites en marchandises contre les effets en porte-feuilles* , qui sont eux-mêmes considérés comme marchandises. Il ne les porte que sur le mémorial, et il soumet par-là le teneur de livres à y avoir recours , pour en faire le transport sur le grand livre.

Il soutient qu'à Genève , on n'exige que le mémorial en cas de difficulté ; mais en France, d'après l'Ordonnance et le Code de commerce , ce n'est qu'au journal qu'on doit ajouter foi , ce livre étant par essence le dépôt général de toutes les transactions commerciales.

En concluant nous pourrions révendiquer pour Jones , à M. Chappuis , la composition de son journal , (à l'exception de ce que nous relevons ci-dessus , et que nous ne lui disputerons certainement pas) ; cependant comme ses tableaux , calqués en partie sur ceux de Jones ou sur les nôtres , à quelques choses près , peuvent rendre le même service au commerce , nous fesons des vœux pour la prospérité de son système de tenue de livres. S'ils sont exaucés , le nôtre aura réussi ; ou pour mieux dire , ni l'un ni l'autre , parce qu'étant justes , francs et modestes , nous devons reconnoître tous les deux que s'il y a quelque mérite dans nos Ouvrages , il appartient à Jones.

INSTRUCTION ABRÉGÉE,

POUR faire usage de la Méthode de JONES, suivant notre plan.

TOUT Négociant qui aime l'ordre doit avoir un Livre de notes, où toutes les opérations sont déposées à mesure qu'elles se succèdent.

Ce Livre doit être tenu par celui qui a la direction des affaires. Il n'exige d'autres connoissances, si on le confie à un Commis, que de les savoir puiser sur la correspondance et les livres auxiliaires. Celui qui en est chargé doit avoir soin d'y cotter le folio où il des aura inscrites.

RAPPORTÉ AU MÉMORIAL	LIVRE DE NOTES.	
	Du 1 Janvier 1807.	
Fol. 1.	Ch. Bernard a versé pour sa mise de fonds	48,000 l.
1.	Nicolas a versé pour sa mise de fonds . . .	48,000
	Du 12 Janvier.	
1.	Antonio de Malaga, par sa lettre du 2, et nous facture, 40 pipes vin de Malaga, à 600 l.	24,000
1.	Accepté la traite d'Antonio, payable le premier Avril prochain.	24,000
1.	Payé le frêt de Mer et de Rivière, frais, etc. à 40 pipes, vin de Malaga.	18,000

MÉMORIAL

MÉMORIAL ou BROUILLARD.

Pour être dans le cas de tenir ce livre, il ne faut avoir d'autres lumières que celles de savoir distinguer, dans le *Livre de Notes*, celui qui doit, ou celui à qui il est dû, ou en termes d'usage, *les débiteurs et les créditeurs particuliers ou personnels*. Ainsi si le Teneur de livres, ne peut pas en être chargé, à défaut d'un chef qui ne voudroit pas en prendre la peine, on peut encore le confier à un Commis.

La forme du *Mémorial* sera la même que celle du *Journal*, à l'exception des deux colonnes qui servent dans celui-ci, pour coter le rapport au grand Livre (*a*).

RAPPORTÉ AU JOURNAL	DOIT	EXEMPLE.	AVOIR.	DOIT ET AVOIR.
Fol. 1.		Av. Ch. Bernard sa mise de fonds	48,000 l.	48,000 l.
1.		Av. Nicolas, *idem* . .	48,000 l.	48,000 l.
1.	96,000 l.	D. Caisse reçu de Bernard et Nicolas . . .		96,000 l.

Qu'on observe bien en dressant ce Livre, que les *comptes généraux*, marchandises, profits et pertes, lettres et billets à recevoir, frais de négoce,

---

(*a*) Nous ne séparons pas les articles, par un trait à la règle, comme on le pratique en parties-doubles. Rien n'empêche de faire cette séparation.

G

commissions , etc. ne doivent y être *ni débités* , *ni crédités.*

    Dans l'achat , il suffit d'écrire :

Avoir caisse , si c'est au comptant , pour telle marchandise , etc.

    Pierre , si c'est en compte courant.

    Lettres et billets à payer , si c'est à terme , et si l'on paye avec ses propres obligations.

Mais si l'on paye avec des effets de son porte-feuille , il faut se borner à tracer dans l'intérieur du Mémorial , qui est destiné pour le raisonnement de l'affaire ,

Acheté d'un tel , telle chose , à telles conditions, payable en mes remises , N.° 1 , 15 , 25 , etc. Voyez l'opération inverse , Article 10 Mai 1807. Si l'on paye partie en remises et partie en argent, Voyez l'article de notre Journal 5 Mai 1807.

Lors des Ventes :

Doit caisse , si c'est au comptant,

    Pierre , si c'est en compte courant.

Mais si c'est à terme , et que le réglement s'en fasse de suite. Voyez notre Journal , 10 Mai 1807.

    Accordez-vous un rabais ?

Avoir un tel , pour tel objet.

    En recevez-vous un ?

Doit un tel , pour rabais sur telle affaire.

    Prenez-vous une valeur ?

Avoir caisse , pris de tel , sa traite ou remise N.°

    A tant de bénéfice.

La négociez-vous au comptant ?

Doit caisse, produit de tel effet, N.°

L'envoyez-vous à un correspondant ?

Doit tel, ma remise, N.°

Faites-vous un virement de valeurs ?

C'est alors un troc en marchandises : il faut passer cet Article, comme le nôtre du 5 Mai, s'il y a un solde en espèces donné ou reçu.

S'il n'y a point de sortie ni d'entrée d'argent, il faut simplement raisonner l'affaire dans l'intérieur du Mémorial, comme nous avons fait pour une vente à terme ; (Art. 10 Mai 1807.)

Si quelqu'un se trouve arrêté, pour passer les comptes à demi en marchandises, ou en banque, avec des correspondans étrangers ou de l'intérieur, il jettera les yeux sur les opérations de notre Journal au mois de *Février*, de *Mars* et de *Juin*.

Nous n'avons donné ces explications que pour ceux qui n'ont point ou que très-peu de notions sur la tenue des livres. Elles leur seront même inutiles, s'ils veulent bien se pénétrer du principe simple.

Il faut *Débiter* celui qui doit.

Créditer celui à qui il est dû.

C'est ici le cas de répéter que c'est sur la suppression de l'entrée et de la sortie, des marchandises et de tous comptes généraux, sur le *Journal*, qu'est fondé l'avantage de la nouvelle méthode.

Par ce moyen il ne s'y trouve plus que des débiteurs et des créditeurs personnels, et c'est par leur montant que l'on connoît tous les jours sa position ; et ses pertes ou bénéfices, si l'on ajoute

G 2

au débit , la valeur des marchandises invendues, et des effets en porte-feuille.

JOURNAL.

Ce Livre doit être tenu avec soin , parce qu'à la rigueur il est le seul qui puisse faire foi en justice.

Sa forme ne diffère de celle du Mémorial , que par une colonne placée au débit et au crédit, qui doit recevoir les *folios* du rapport au grand Livre. Avant d'y transporter les Articles , *il faut faire un petit trait en direction de chacun* sur lequel on viendra déposer le *folio* où il aura été passé.

Ce sera donc , comme dans les journaux en parties - doubles , un moyen de prouver qu'on n'a fait aucune omission en portant les affaires du journal au grand Livre.

Chaque mois on fera les additions du *débit* et du *crédit* , et on s'assurera , avant de les placer , si elles sont conformes avec celles du *doit* et de *l'avoir*, sur les comptes *personnels* du grand Livre.

Si à ces époques , on veut avoir la double preuve qu'il n'y a point d'erreurs , on joint le montant de tous les *comptes généraux* à celui des *comptes personnels* , et l'on obtient la balance des additions comme en parties-doubles , puisque ces deux classes de compte , *sont le complément l'une de l'autre.*

A la fin de chaque trimestre , on cloturera les additions. Nous conservons cet usage prescrit par Jones , parce qu'il soulage le Teneur de livres , en lui ôtant la peine de faire de longues additions.

Par ce moyen, il est tranquille sur le passé et n'a plus d'inquiétudes pour l'avenir.

GRAND LIVRE.

Le nôtre ne diffère de ceux en parties-doubles, que par une colonne de plus (*a*), qui recevra, dans chaque compte personnel, les opérations faites dans le mois, et dans laquelle on peut faire les soldes. Nous aurions pu au bas de chaque *fol.* de ces comptes, faire suivre de page en page *les additions de trimestres*, jusqu'à la fin de l'année : nous préférons que le Teneur de livres les réunisse sur un cahier séparé, ainsi qu'il le pratiquera pour celles de chaque mois.

Il est des Teneurs de livres qui soldent quelquefois des comptes, par des articles qui ne sont pas portés au journal. Il faut qu'ils perdent cette habitude en adoptant cette méthode ; parce que les additions du journal et du grand livre ne cadreroient plus.

Il est encore une observation à faire ; c'est lorsque le Teneur de livres, par erreur, débite *Antoine* au lieu de *François*. Il est obligé lorsqu'il la rectifie, de venir créditer Antoine et débiter François. Cet article contre-passé sur le grand livre, doubleroit la somme. Il faut donc qu'il fasse attention, si l'erreur a été commise *sur un compte personnel*, (qui est dépendant du journal) *de ne pas comprendre dans*

(*a*) Si l'on ne tient point de livre de comptes courans, cette colonne sert pour faire voir d'un coup-d'œil, sa situation respective avec ses correspondans.

l'addition du mois , *la somme qui y a été par*
mégarde portée , *ou bien de venir débiter et cré-*
diter Antoine *au journal*. Par l'un de ces deux
moyens , il rétablit l'accord entre le journal et le
grand livre.

Si l'erreur avoit été faite *sur un compte général*,
l'ordre ne peut être troublé, pourvu qu'il rétablisse
l'article comme il doit être.

Par exemple , on trouvera que la portion de bénéfice qui revient à Bertin compte courant dans le compte à demi avec lui , n'est pas passée sur le journal.
On peut l'y insérer si on le désire , mais si on nous
imite , on verra que cela ne peut troubler les écritures , puisque *Alisaris en compte à demi avec*
Bertin , et *Bertin compte à demi* , sont dans le
nombre des comptes généraux (*a*).

Nous suivons cet usage pour faire le soldé de
tous les comptes généraux.

(*a*) On voit que dans ce compte à demi nous avons adopté la
manière de la Porte ; ceux qui voudroient supprimer , *Bertin*
compte à demi , seroient forcés de passer sa demi à l'achat , *au*
crédit des Alisaris et le produit net de sa demi , au débit de cette
marchandise ; ce qui n'est plus admis dans la bonne tenue des
livres , ou bien de ne débiter la marchandise que de la moitié ,
ce qui est plus mauvais. Au reste chacun peut suivre sa manière :
le journal n'en sera pas changé.

F I N.

JOURNAL

A

A

JOURNAL

DOIT			AVIGNON. JANVIER 1807.		AVOIR	DOIT ET AVOIR.
		1	CHARLES BERNARD, sa mise de fonds..........	Avoir	48,000	1 48,000
			NICOLAS.......... Idem.	Avoir	48,000	1 48,000
96,000	1/2	Doit	CAISSE les deux sommes ci-dessus............		....	96,000
		12	ANTONIO de Malaga, suivant sa facture à 40 pipes *Vin de Malaga*, à 600 fr. la pipe............	Avoir	24,000	1 24,000
24,000	1	Doit	ANTONIO de Malaga, notre acceptation à sa traite à son Ordre, payable le premier Avril prochain.		....	24,000
	2/25		BILLETS à payer, l'acceptation ci-dessus, N.º 1.	Avoir	24,000	1 24,000
			CAISSE, payé le fret de mer et de rivière, frais, etc. à 40 pipes *Vin de Malaga*............	Avoir	18,000	1 18,000
	2		BILLETS à payer, notre promesse, N.º 2. Ordre Soullier aîné, au 25 Avril prochain, pour Achat et montant de 8000 aunes. *Florence* à 5 fr. l'aune.	Avoir	40,000	1 40,000
44,000	1/28	Doit	CAISSE, pour *Vente* de 8000 aunes *Florence*, à 5 fr. 50. faite à Deleutre fils et Mantel.		....	2 44,000
	2/30		CAISSE, dépense du mois............	Avoir	650	1 650
164,000			TOTAL de Janvier............		202,650	366,650

DOIT			*FÉVRIER* 1807.		AVOIR	DOIT ET AVOIR.
	2/1		CAISSE, acheté d'Ambroise de c/v.ᵉ en *Compte* à demi avec Bertin 500 quintaux *Alisaris*, à 36 fr............	Avoir	18,000	1 18,000
9,000	1	Doit	BERTIN de c/v.ᵉ sa demi à l'achat ci-dessus............		....	2 9,000
10,000	1/15	Doit	JAQUET de Marseille, à lui *vendu* 250 quintaux *Alisaris*, à 40 fr. le quintal, payables à 2 mois.		....	2 10,000
	20		JAQUET de Marseille, reçu dudit comptant............	Avoir	9,900	1 9,900
	2		JAQUET de Marseille, à lui bonifié 1 p °/₀............	Avoir	100	1 100
9,900	1	Doit	CAISSE, reçu de Jaquet............		....	9,900
10,500	1/25	Doit	CAISSE, *vendu* à Fortunet 250 quintaux *Alisaris*, à 42 fr.		....	2 10,500
	2/28		BERTIN de c/v.ᵉ net produit de sa demi de la *vente des Alisaris*, Commission, Agios et frais déduits............	Avoir	10,000	1 10,000
1,000	1	Doit	BERTIN de c/v.ᵉ à lui compté pour solde.		....	1,000
			CAISSE, compté à Bertin............	Avoir	1,000	1 1,000
	2/30		CAISSE, dépense du mois.	Avoir	960 40	1 960 40
204,400			TOTAL de Janvier et de Février......		242,610 40	447,010 40

DOIT			*MARS* 1807.		AVOIR	DOIT ET AVOIR.
		1	CAISSE, pris de *Buisson* sa T.ᵉ n°. 3 au 30 courant sur Hambourg, de 4000 ML à 150 fr. (p.ᶠ C.ʲ à 1/2 avec Dupuy, ...	Avoir	7,600	1 7,600
			CAISSE, pris de *Grégoire*, sa R.se n.º 4, au 30 Mai, sur Madrid, de 1000 pistoles, à 14 fr. 50 (idem.)	Avoir	14,500	1 14,500
7,600	1	Doit	DUPUY de Hambourg, compte à 1/2 à lui envoyé n/R.se n.º 5 sur Hambourg, au 30 courant de 4000 ML		....	7,600
14,500	1	Doit	DUPUY de Hambourg, C/ à 1/2 à lui envoyé n/ R.se n.º 4 sur Madrid de 1000 pistoles qui a produit par sa lettre du à 85 dg pour un ducat............ 7705 ML		....	14,500
		15	DUPUY de Hambourg, c/ à 1/2 reçu sa R.se n.º 5, au 30 Juin sur Vienne de 9000 florins, prise à 150 Rix. pour 100 Rix. B.co, elle a produit à 52 s. pour un florin (le 20 courant).	Avoir	23,400	1 23,400
23,400	1/20	Doit	CAISSE, reçu pour la négociation de cette remise.		....	23,400
554 60	1/25	Doit	DUPUY de Hambourg, C/ à 1/2 ses avances sur ledit compte, portées à son C/courant à 188 fr. cours de ce jour, de 295 ML		....	554 60
372 70	1	Doit	DUPUY de Hambourg, C/C.t ses avances au compte à 1/2.	Avoir	554 60	1 554 60
372 70	1	Doit	DUPUY de Hambourg, C/ à 1/2, bénéfice qui nous revient.		....	2 372 70
			DUPUY de Hambourg, C/ à 1/2 sa demi de bénéfice, portée à son C/courant		....	372 70
			DUPUY de Hambourg, C/C.t son bénéfice sur le Comp. à 1/2.	Avoir	372 70	1 372 70
	2/30		CAISSE, dépense du mois.	Avoir	560	1 560
251,200			TOTAL de Janvier, Février et Mars............		289,597 70	540,797 70

DOIT			AVRIL 1807.		AVOIR		DOIT ET AVOIR.
	1	1	CAISSE, payé notre acceptation, N.° 1.	Avoir	24,000	1	24,000
24,000	1	Dv.t	BILLETS à payer. Rentrée de l'acceptation ci-dessus.				24,000
26,880	1	Doit	CAISSE, vendu à Bertrand et C.e 20 Pipes vin de Malaga, à 1400 fr. la pipe, Excompté 4 p°/°.			2	26,880
50,000	10	Doit	DUPUY de Hambourg, C/C.t notre facture, à 20 pipes vin de Malaga, à 1500 fr. la pipe, payable à 2 mois.			2	30,000
	16		DUPUY de Hambourg, C/C.t notre T.e au 10 Juin, à notre ordre, N.° 6. de 15,000 ML à 191 fr.	Avoir	28,650	1	28,650
	17		DUPUY de Hambourg, C/C.t notre T.e au 11 Juin, à notre ordre, N.° 7. de 600 ML à 190 fr.	Avoir	1,140	1	1,140
	24		DUPUY de Hambourg, C/C.t rabais à lui accordé.	Avoir	210	1	210
50,402	1	Doit	PHILIPPE de Lyon, à lui envoyé nos T.es ci-après sur Hambourg; N.° 6. de 15,000 ML placée à 195 fr. le... 7. 600 id. id. 192 le			2	30,402
	25		PHILIPPE de Lyon, N/T N.° 8. au 30 C.t ordre Reyon, de	Avoir	30,000	1	30,000
50,000		Doit	CAISSE, la T.e N.° 8 placée au pair.				30,000
	28		PHILIPPE de Lyon, Courtages, Commission, Ports de Lettres, suivant l'extrait de notre Compte courant.	Avoir	190	1	190
40,000	30	Doit	LETTRES et Billets à Payer, rentrée de notre Billet, N.° 2.				40,000
			CAISSE, payé notre Billet, N.° 2.	Avoir	40,000	1	40,000
	2		CAISSE, dépense du mois.	Avoir	841 15	1	841 15
181,282			TOTAL du mois d'Avril.		125,031 15		306,313 15
			MAI 1807.				
	1	1	CAISSE, pris de Justin, sa T.e sur Lyon, N.° 9, à 90 jours, à 2 p°/° de... 15,000 fr.	Avoir	14,700	1	14,700
	5		ACHETÉ d'Isnard frères, 1000 salmées Avoine, à 16 fr. la salmée, payables à 90 jours sur Lyon; donné en payement N/R.e N.° 9 de... 15,000 fr.			2	
			PAYÉ comptant le solde sous l'excompte de 2 p°/°... 980 fr. / 15,980				
			CAISSE, solde payé à Isnard frères.	Avoir	980	1	980
	10		VENDU 500 salmées Avoine à Morel, à 18 fr. la salmée, payables en sa T.e N.° 10 à 3 mois. 9000 fr.			2	
	30		CAISSE, dépense du mois.	Avoir	975 54	1	975 54
181,282			TOTAL d'Avril et Mai.		141,686 69		322,968 69
			JUIN 1807.				
	1		CAISSE, pris, pour compte à demi, avec Audiffret et C.e de Lyon, de J. Aubery, sa T.e à 100 jours, N.° 11, sur Lyon de... 3000 fr.	Avoir	2,927 50	1	2,927 50
2,927 50	1	Dv.t	AUDIFFRET et C.e C/ à 1/2 à eux envoyé l'effet N.° 11, qui a produit par leur lettre du... 2960 fr.				2,927 50
	5		AUDIFFRET et C.e C/ à 1/2 notre T.e à N/O. à 15 jours au pair, N.° 12.	Avoir	2,400	1	2,400
2,400	1	Doit	CAISSE, montant de la traite ci-dessus, N.° 12.				2,400
5 40	15	Dv.t	AUDIFFRET et C.e C/ à 1/2 et C.e, frais de courtage, timbre.				5 40
			CAISSE, payé les frais du C/ à 1/2 avec Audiffret et C.e, de	Avoir	5 40	1	5 40
			AUDIFFRET et C.e C/ à 1/2 pour autant dont ils sont débiteurs sur ledit compte, porté à leur C/C.t.	Avoir	556 20	1	556 20
186,614 90			Avril, Mai et Juin, transportés.		147,575 79		334,190 69

DOIT				SUITE DU MOIS DE JUIN 1807.		AVOIR	DOIT ET AVOIR.
286,614	90			TRANSPORT d'Avril , Mai et Juin............		147,575 79	334,190 69
556	20	1	15 Doiv.t	AUDIFFRET et C.e C/ C.t dont ils sont débiteurs au C/ à 1/2.....		....	556 20
11	65	1	Doiv.t	AUDIFFRET et C.e C/ à 1/2 , notre demi de Bénéfice....		 2	11 65
11	65	1	Doiv.t	AUDIFFRET et C.e C/ à 1/2 , leur demi de Bénéfice portée à leur Compte Courant....................		....	11 65
				AUDIFFRET et C.e C/ C.t , leur Bénéfice au C/ à 1/2..... Avoir		11 65 1	11 65
187,194	40			TOTAL d'Avril , Mai et Juin.............		147,587 44	334,781 84

DOIT				BALANCE DU JOURNAL A		AVOIR	DOIT ET AVOIR.
251,200				Janvier , Février et Mars 1807.............		289,597 70	540,797 70
187,194	40			Avril , Mai et Juin..............		147,587 44	334,781 84
8,000			Doit..	500 Salmées Avoire , en magasin , estimées à 16 fr.....		....	8,000
9,000			Doit..	EFFET en porte - feuille , N.º 10..........		....	8,000
				PROFITS , conformes au Compte de Profits et Pertes......		18,209 26	18,209 26
455,394	40					455,394 40	910,788 80

JOURNAL B

DOIT				AVIGNON , JUILLET 1807.		AVOIR	DOIT ET AVOIR.
			1	CHARLES BERNARD , son Capital suivant la Balance... Avoir		48,000 —	48,000
				NICOLAS............ idem....... Avoir		48,000 —	48,000
				DUPUY de Hambourg , S. C. suivant la Balance....... Avoir		927 30 —	927 30
				PROFITS et Pertes Annuels , idem......... Avoir		18,209 26 —	18,209 26
97,380	01		Doit..	CAISSE.............'idem.........			97,380 01
212			Doit..	PHILIPPE de Lyon...... idem............			212
544	55		Doiv.t	AUDIFFRET et C.e de Lyon , idem.............			544 55
				BILLETS à Payer , notre Billet N.º 13 , à 4 mois , ordre Picard , à 2 p.o/º. Perte........ Avoir		4,000 —	4,000
3,920		2	Doit..	CAISSE , le produit de notre Billet N.º 13. 3,920 fr.....			3,920
				(o) PERTE à 2 p.o/º............ 80 fr.....			

(o) Ceux qui sont habitués à ne passer la perte faite sur tous les *Billets à Payer* qu'à la fin de la campagne et en un seul Article , peuvent conserver cet usage. Il faut alors que sur le Journal , ils ne *les* Créditent que du Net Produit ; et sur le Grand Livre qu'ils écrivent 4,000 fr. dans la Colonne renfermant la valeur nominale , et dans la Colonne Ordinaire 3,920 fr. valeur reçue. Mais quand ils voudront faire l'Inventaire , il faut qu'ils *les* viennent Créditer sur le Journal , de la totalité de la perte , qui fait le Solde des deux Colonnes , parce que le Compte de Billets à Payer est Personnel.

1807.		DOIT CHARLES BERNARD.						
Juin.	15	A nouveau, porté à la Balance.............	3		48,000			

1807		DOIT NICOLAS.						
Juin.	15	A nouveau, porté à la Balance.............	3		48,000			

1807.		DOIT CAISSE.						
Janvier.	1	Reçu de Bernard et de Nicolas leurs mises de fonds....	1	1	96,000	Janvier.	146,000	
	28	Idem. De Deleutre fils et Mantel ; pour vente de 8000 aunes florence.	1	2	44,000	Février.	20,400	
Février.	20	Idem. De Jaquet de Marseille, pour vente de 250 q.x Alisaris...	1	1	9,900	Mars.	23,400	
	23	Idem. De Fortunet de Carpentras, p.r 250 Q.x Alisaris, à lui vendu.	1	2	10,500	Avril.	56,880	
Mars.	20	Idem. Le produit de notre remise n.º 4, sur Vienne...	1	2	28,400	Juin.	2,400	
Avril.	1	Idem. De Bertrand et C.e, pour 20 pipes vin de Malaga.....	2	2	26,880			
	25	Idem. Pour notre traite n.º 8, sur Philippe de Lyon, de..	2	1	30,000			
Juin.	5	Idem. Pour , Idem...... 12 sur Audiffret et compagnie, C/te à 172.	2	1	2,400			
		fr.			243,080			

1807.		DOIT BERTIN, SON COMPTE COURANT.						
Février.	1	Sa demi à l'achat de 500 quintaux Alisaris, portée à son compte à 172.	1	2	9,000	Février.	10,000	
	28	A lui compté pour solde.	1	1	1,000			

1807.		DOIT JAQUET DE MARSEILLE.						
Février.	15	Pour vente de 250 quintaux Alisaris, payables à 2 mois.....	1	2	10,000	Février.	10,000	

1807.		DOIT PHILIPPE DE LYON.						
Avril.	24	à lui envoyé nos Traites sur Hambourg n.º 6. 7., ensemble 15,600.M.	2	2	30,402	Avril.	30,402	

1807.		DOIT DUPUY DE HAMBOURG, COMPTE A DEMI.						
Mars.		à lui envoyé notre remise n.º 3, sur Hambourg au 50 C. de	4,000	1	1	7,600	Mars.	23,400	
		Idem. N.º 4......... 4 sur Madrid de 3000 Pis.	7,705	1	1	14,500			
	25	ses avances sur ledit Compte , portée à son C/te C/t de	295	1	1	554	60		
		Notre moitié de bénéfice.		1	2	372	70		
		Sa demi de bénéfice , portée à son Compte courant.		1	1	372	70		
		M.	12,000			23,400			

1807.		DOIT DUPUY DE HAMBOURG, SON C/TE C/T.						
Avril.	10	Notre facture à 20 pipes vin de Malaga...	2	2	30,000	Avril.	30,000	
Juin.	15	A nouveau, porté à la Balance...	3		927	30		
		fr.			30,927	30		

1807.		DOIVENT AUDIFFRET ET C.e DE LYON. CTE. A DEMI.						
Juin.	1	Notre R.se n.º 11 , à 100 j.rs sur Lyon, de 3000 liv.	2,960	2	1	2,927	50	Juin.	2,956	20
	15	Payé les frais de Courtage, Timbre, etc.		2	1	5	40			
		Notre demi de Bénéfice , sur ce compte.		3	2	11	65			
		Leur demi de Bénéfice , portée au crédit de leur C/t.C/t.		3	1	11	65			
		fr.	2,960			2,956	20			

1807.		DOIVENT AUDIFFRET ET C.e DE LYON. LEUR C/TE C/T.						
Juin.	15	Dont ils sont débiteurs dans leur Compte à demi....	3	1	556	20	Juin.	556	20

1807.		DOIVENT BILLETS A PAYER.						
Avril.	1	1 Payé notre acceptation échue ce jour de....	24,000	2	1	24,000	Avril.	64,000	
	30	2 Idem.... promesse échue le 25 courant.....	40,000	2	1	40,000			

1807.		DOIT ANTONIO DE MALAGA,						
Janvier.	12	Notre acceptation à sa Traite au premier Avril, à son Ordre....	1	1	24,000	Janvier.	24,000	

							AVOIR
48,000	Janvier.	1807. Janvier.	1	Sa mise de fonds en espèces...................	1	1	48,000

							AVOIR
48,000	Janvier.	1807. Janvier.	1	Sa mise de fonds en espèces...................	1	1	48,000

							AVOIR	
18,650	Janvier.	1807 Janvier.	25	Payé le frêt de mer et de rivière, frais, etc. à 40 pipes vin de Malaga.	1	2	18,000	
19,960 40	Février.		50	Dépense du mois......................	1	2	656	
22,660	Mars.	Février.	1	Payé à Ambroise pour 500 quintaux Alisaris avec Bertin.....	1	2	18,000	
64,841 15	Avril.		28	Compté à Bertin son Compte Courant............	1	1	1,000	
16,655 54	Mai.		30	Dépense du mois.....................	1	2	960 40
2,932 90	Juin.	Mars.	1	Pris de Buisson, sa traite N.º 3 sur Hambourg, pour C.te à demi.	1	1	7,600	
				Idem de Gregoire, sa remise N.º 4 sur Madrid. idem.......	1	1	14,500	
				Dépense du mois...................	1	2	560	
		Avril.	1	Payé notre acceptation N.º 1 de..............	2	1	24,000	
			50	Idem notre Billet N. 2 de..............	2	1	40,000	
			50	Dépense du mois....................	2	2	841 15
		Mai.	1	Pris de Justin sa traite sur Lyon, N.º 9 de 15,000 fr. pour...	2	2	14,700	
			5	Payé à Isnard frères, pour solde d'un achat d'Avoine........	2	2	980	
			50	Dépense du mois....................	2	2	975 54
		Juin.	1	Pris de Jean Aubery, sa traite sur Lyon, N.º 11 pour C.te à demi.	2	1	2,927 50
			15	Payé les frais du Compte à demi avec Audiffret, et C.e......	2	1	5 40
				A nouveau, porté pour solde par Balance..........		5	97,380 01
				fr.			243,080

							AVOIR
10,000	Février.	1807. Février.	28	Net produit de sa demi à la Vente des 500 quintaux Alisaris....	1	2	10,000

							AVOIR
10,000	Février.	1807. Février.	20	Reçu dudit comptant...................	1	1	9,990
				A lui bonifié 1 pour cent sur 10,000 liv........	1	2	100

							AVOIR
30,190	Avril.	1807. Avril.	25	Notre traite, N.º 8 au 50 courant, Ordre Revon au pair de....	2	1	30,000
			28	Courtage, Commission, Ports de lettres, suiv.t l'extrait de notre C/C.t	2	2	190
		Juin.	15	Débiteur par nouveau, porté par Balance.............		3	212
				fr.			30,402

								AVOIR
23,400	Mars.	1807. Mars.	15	Sa R.se, sur Vienne, N.º 5 de 9000 fl. qui lui a coûté.	12,000	1	1	23,400

								AVOIR	
927 30	Mars.	1807. Mars.	25	Ses avances sur le Compte à demi de 295 ML à 188 fr....		1	1	554 66
30,000	Avril.			Sa demi de Bénéfice sur le Compte à demi............		1	1	371 70
		Avril.	16	Notre traite au 10 Juin, N.º 6 à notre ordre de 15,000 ML à 191 fr.		2	1	28,650	
			17	Idem......11 Juin, N.º 7 idem...... de 600 ML 190 fr.		2	1	1,140	
			24	Rabais à lui accordé sur notre facture............		2	2	210	
				fr.				30,27 30

								AVOIR	
2,956 20	Juin.	1807. Juin.	5	Notre traite à notre Ordre à 15 jours au pair de.....	2,400	2	1	2,400	
				Leur frais à Lyon..................	5 80				
				Solde de leur Colonne, porté au débit de leur C.te C.t	556 20	2	1	556 20
				liv.	2,960			2,956 20

							AVOIR	
11 65	Juin.	1807. Juin.	15	Leur demi de Bénéfice sur le Compte à 1/2.		3	1	11 65
				Par nouveau porté par Balance..........			3	544 55
				fr.				556 20

								AVOIR	
64,000	Janvier.	1807. Janvier.	12	Accepté la Traite d'Antonio au 1.er Avril....	24,000	1	1	24,000	
			25	Notre promesse, O. Soullier aîné 25 Avril....	40,000	1	2	40,000	

							AVOIR	
24,000	Janvier.	1807. Janvier.	12	Sa Facture à 40 pipes Vin de Malaga, payable le premier Avril.	1	2	24,000	

1807.			DOIVENT FLORENCES.			
Janvier.	25		Acheté de Souilier aîné, 8000 aunes Florence à 5 fr. l'aune, payables au 25 Avril....	1	1	40,000
Juin.	15		Bénéfice..		2	4,000

1807.			DOIT AVOINE.			
Mai.	5		Acheté d'Isnard frères, 1000 salmées, à 16 f. à 90 j.rs sur Lyon.(Excompte 20 f. sur du comptant)	2	1	15,980
Juin.	15		Bénéfice..		2	1,020
			fr.			17,000

1807.			DOIT VIN DE MALAGA.			
Janvier.	12		Facture d'Antonio de Malaga, à 40 pipes vin de Malaga, payable au premier Avril....	1	1	24,000
	25		Payé le Frêt de mer et de Rivière, fraix, etc. à ces 40 pipes vin..................	1	1	18,000
Juin.	15		Bénéfice..		2	14,880
			fr.			56,880

1807.			DOIVENT ALISARIS EN COMPTE A 1/2 AVEC BERTIN DE CETTE VILLE.			
Février.	1		Acheté d'Ambroise 500 quintaux Alisaris, à 36 fr. pour comptant..............	1	1	18,000
	20		Bonifié à Jacquet 1 p. o/o sur le payement qu'il a fait comptant...............	1	1	100
			Net produit de la demi de Bénéfice, porté au crédit de Bertin, compte à demi....		2	1,000
Juin.	15		Bénéfice..		2	1,400
			fr.			20,500

1807.			DOIT BERTIN DE CETTE VILLE, SON COMPTE A DEMI.			
Février.	28		Net produit de sa demi à la vente des Alisaris, porté à son compte courant.......	1	1	10,000

1807.			DOIVENT PROFITS ET PERTES.			
Janvier.	30		Dépenses du mois........................	1	1	650	
Février.	30		Idem..................................	1	1	960	40
Mars.	30		Idem..................................	1	1	560	
Avril.	24		Rabais accordé à Dupuy de Hambourg, sur notre facture du 10 courant........	2	1	210	
	25		Courtage, Commission, etc. passés à Philippe de Lyon, suivant l'extrait de notre C.te C.t...	2	1	190	
	30		Dépenses du mois........................	2	1	841	15
Mai.	30		Idem..................................	2	1	975	54
Juin.	15		Bénéfice porté à la Balance, conforme à celui trouvé sur le Journal...........		3	18,209	26
			fr.			22,596	35

1807.				DOIVENT LETTRES ET BILLETS A RECEVOIR.						
Avril.	16	6		Notre traite sur Dupuy de Hambourg au 10 Juin, de 15,000 ML à 191 fr.	1	28,650	2	1	28,650	
	17	7		Idem................... 11 Juin, de 600 ML à 190 fr.	2	1,140	2	1	1,140	
Mai.	1	9		Pris de Justin sa traite à 90 jours sur Lyon, à 2 p. o/o de............	3	15,000	2	1	14,700	
	10			Reçu de Morel sa traite à 3 mois, en payement d'Avoine de........	4	9,000	2	2	9,000	
Juin.	15			Bénéfice..				2	912	
				fr.		53,790			54,402	

						AVOIR.
1807. Janvier.	28	Vendu pour comptant à Deleutre fils et Mantel, 8000 aunes Florence, à 5 fr. 50, c. l'aune.	1	1		44,000

						AVOIR.
1807. Mai.	10	Vendu à Morel 500 salmées à 18 fr. payable en sa traite à 3 mois, N.° 9. de	2	2		9,000
Juin.	15	Par nouveau 500 salmées, estimées à 16 fr. portées par Balance		3		8,000
		fr.				17,000

						AVO
1807. Avril.	1	Vendu à Bertrand, 20 pipes vin à 1,400 fr. sous l'excompte de 4 p.°/0.	2	1		26,880
	10	Notre facture à Dupuy de Hambourg, C.te C.t de 20 pipes à 1,500 fr. payable à 2 mois	2	1		30,000
		fr.				56,880

						AVOIR.
1807. Février.	15	Vendu à Jaquet 250 quintaux à 40 fr. payables à 2 mois	1	1		10,000
	23	Idem à Fortunet 250 idem à 42 fr. pour comptant	1	1		10,500
		fr.				20,500

						AVOIR.
1807. Février.	1	Sa demi à l'achat des Alisaris, dont il est débité à son Compte courant	1	1		9,000
		Sa demi net de Bénéfice		2		1,000

						AVOIR.	
1807. Mars.	25	Bénéfice sur le Compte à demi avec Dupuy de Hambourg	1	1		372	70
Juin.	15	Idem avec Audiffret, et C.e	3	1		11	65
		Idem sur les Florences		2		4,000	
		Idem sur les Avoines		2		1,020	
		Idem sur le Vin		2		14,880	
		Idem sur les Alisaris		2		1,400	
		Idem sur les Lettres et Billets à recevoir		3		912	
		fr.				22,596	35

							AVOIR.	
1807. Avril.	24	6	Envoyé notre T.e à Philippe de Lyon au 10 Juin sur Hamb. de 15,000 Mł.	1	28,650		50,402	
		7	Idem 11 Juin 600 Mł.	2	1,140	2	1	
Mai.	5	9	Donné pour achat d'Avoine à Isnard frères, sur Lyon	3	15,000	2	2	15,000
Juin.	15	10	Effet en Porte-feuille, porté par Balance	4	9,000		3	9,000
			fr.		53,790			54,402

BALANCE

DE SORTIE DU PRÉSENT LIVRE A

DOIT

POUR les sommes dont *les ci-après nommés* sont restés Débiteurs, et dont ils seront Débités au Livre B à savoir :

DÉBITEURS.

PORTÉS au Livre B F.°			F.° du Livre A		
1	Caisse, que j'ai, comptant, suivant le Livre de Caisse.	1	97,380	01
1	Philippe de Lyon.	1	212	
1	Audiffret et C.ᵉ S. C. C.t	1	544	55
2	Avoiné, celle qui reste en nature.	2	8,000	
2	Lettres et Billets à recevoir, Effet en Porte-feuille. . . .	2	9,000	
		fr.	115,136	56

AVOIR

POUR les sommes dont *les ci-après nommés* sont restés Créanciers, et dont ils seront Crédités au Livre B

CRÉDITEURS.

PORTÉS au Livre B F.°			F.ᵒˢ du Livre A		
1	Charles Bernard, son Capital.	1	48,000	
1	Nicolas, ... Idem.	1	48,000	
1	Dupuy de Hambourg, S. C. C.t	1	927	30
2	Profits et Pertes, Annuels.	2	18,209	26
		fr.	115,136	56

www.ingramcontent.com/pod-product-compliance
Lightning Source LLC
Chambersburg PA
CBHW070807210326
41520CB00011B/1873